所謂時間管理，就是選擇性放棄

上萬人成功驗證，時間規畫師的八大精簡法則

少毅——著

序言

時間管理，選擇比技巧更重要

剛步入職場時，有一次上司跟我們開會，討論一個重大的案子，並專門安排一位來公司兩年多的人事專員做會議紀錄。當時我覺得納悶，這樣簡單的事情，還需要特別找人做嗎？

會議在上司的主持下，我們討論得興高采烈，內容天馬行空，時不時還會相互爭論一番。我都爲這位人事專員擔心，這個會議紀錄他該怎麼寫。

但是第二天看到他的會議紀錄後，我和所有人都感到十分震驚。

原來他把繁冗的內容抽絲剝繭、去蕪存菁、分門別類地整理出來，同時標注了重點、摘要，準確標出了關鍵資料，呈現了我們討論的最終結論，方便與會者閱讀。

幾個小時的會議內容被他濃縮在兩頁Ａ４紙上，重點明白、脈絡清晰。

他拋開無關緊要的部分，保留了會議的重點和核心。他的分析能力很快受到上司的激賞，也給我好好地上了一課。

我明白，其實很多頂尖高手都是這樣，他們能在別人都注意不到的小事上，展現出高超的分析能力和處理水準。同樣是要把事做對，厲害的人總能找到最重要的事，但普通的人總是忍不住做更多的事，所以是選擇決定了我們的努力是否更有效率。

此後，我會常常觀察他的工作方法。我發現，他做任何事情都很有效率的祕訣只有一個——「抓大放小」。

處理多線事務時，先做緊急重要的事，後做重要不緊急的事，幾乎已經成爲他的本能。

我問他爲什麼會形成這樣的習慣，他說有個家庭主婦的朋友，總抱怨想做的事情一件也做不了。但據他觀察，她不是沒時間做，而是時間太過分散，總被不重要的瑣碎事情絆住，浪費精力。

以朋友爲鑑，他開始明白，想要眞正利用時間處理好事情，首先必須確認重點。

雖然他算不上我在職場上的老師，但是對我的影響可能是最大的。從他的身上我學到了一個習慣，就是我每天早上來到公司工作之前，都會先拿出一張紙，在紙上寫下今天一天工作中所有的待辦事項。寫下來之後，我會對這些要做的事情進行重要性的排序。首先選擇出最重要的事情，在一天狀態最好的時候，多花點精力去做，不重要的事情就少花點精力，甚至乾脆不做。這個習慣我幾乎一日未斷，到現在一直堅持了多年。

很多人佩服我時間管理的能力強，其實我並不認爲我是在做時間管理。我從來不追求如何讓自己高效率地完成很多的事情，而是選擇最重要的事情，然後花足夠的時間把它完成。

不管是工作還是生活，吸引我們去做的事情有很多，但是眞正重要的、值得做的事情，其實並沒有那麼多，關鍵是我們懂不懂得選擇。

其實，人能取得什麼樣的成績、達到什麼成就，抓住重點、分清主要次要才是關鍵。

例如明天考試，今天與考試無關的事情就都要放下，因爲晚上的時間必須用來看書，不抓緊時間複習，成績可能會掛蛋。

當我們有一個五年、十年計畫時，我們能否堅持把時間分配給首要的目標，而不是覺得今天還有很多時間，可以玩手遊、追追劇呢？

時間常會這樣一點一滴流失掉，我們不可能既要成功，又想輕鬆的娛樂。你是否能清晰地分析自己的處境，遇到局面混亂時有沒有刻意訓練自己抓大放小的能力？答案不同，結局的走向也迥然不同。

什麼都做的人，可能每一方面都很平凡；有選擇地去做事的人，才有可能成爲某個領域的專家。

這個世界，不是有錢人的世界，也不是有權人的世界，而是有心人的世界。在獲取資源和資訊越來越便捷的前提下，大家開始形成一種共識——眞正決定一個人能達到什麼成就的，不是你的能力，而是你的選擇。

在不同賽道上，同等的努力完全可以造就不同的人。人的一生由無數選擇組成，你選擇了什麼，在什麼事情上花了更多時間，會在結果中直接顯現出來。

一個人想要達到何種成就，要提高自己選擇的能力。只有將時間分配在人生重點及工作核心上，我們才能眞正獲得自己想要的價值。

時間對每個人都是公平的，卻又是不公平的。同樣的時間，有的人成就非凡，有的人碌碌無爲。時間雖是客觀存在，但人的心智卻有雲泥之別。該怎樣抉擇人生重點，如何選擇性地放棄某些事，都是我們應該關心的。只要有決心，我們就一定能找到關於時間管理的答案。

目錄

第二章

沒有時間，只是因為不重要

第三章

有所為有所不為，只做重要的事

第四章

抵擋短期利益的誘惑

第五章

如何高效率管理你的閒置時間

第六章

提升心智，用正確的方法做正確的事

第七章

管理的焦點不應該是時間，而是自己

第八章 在有限的時間裡，打造你想要的生活

第一章

要有自己的不為清單

集中精力做最高效率的事情，
把其他無關的雜事盡量規律化，
讓它不會影響到我們的主要目標。

1 提升自我認知，哪有沒有時間這回事

落筆之前，我要告訴諸位讀者——「時間」是不能被管理的。

一定有人會問，這本書的主題不就是「時間管理」嗎？既然時間無法被管理，那還有什麼好寫的呢？

其實，之所以說時間不能被管理，是因爲對個人而言，時間是一個客觀存在的東西。它的流逝和前行，都不因人的意志而改變。我們無法將時間握在手中，讓它爲我們駐足停留，也無法把它的腳步調快，讓某些不喜歡的時刻快速掠過。

因此，眞正的時間管理，並不是針對時間本身的管理，而是針對我們自己在單位時間內能達成的效率進行管理。

曾有英語學霸分享自己的經歷。他學習英語是基於強烈的興趣，這種不帶功利心的喜歡爲他的學習打下了基礎。上大學時，每看到一個學習重點，他都會花時間鑽研、聯想。雖然和同學們同樣坐在教室學習，但幾年下來，他已經把別人

甩開一大截。

他說：「當你在單位時間內比別人學得更多、更快、更好時，對時間的利用率就比別人高。這個更多、更快、更好，是透過前期的自我管理和學習累積得來的。你掌握這門課程的學習方法，並在大腦之中構建出了一個複雜的記憶網路，這時，你只要把所學的知識安放進去，學習起來就會比別人迅速得多。」

很顯然地，其他科目他也能觸類旁通並很快掌握了學習方法。但是，他還是選擇將英語學到極致，因爲僅憑這一門專業，他就獲得了比別人更大的競爭力。

其實，這就是時間管理的眞諦。當我們在單位時間內獲得的東西更多時，我們就完成了頭腦之中的自我進化。而且，隨著我們的知識累積得越多，這種自我進化也會越快。只要方法得當，假以時日，我們便可成爲這個領域的專家。

李開復曾在創意工場介紹培養孩子的方法，有觀衆向他抱怨，雖然他的理念和方法都很好，但是如果眞的要執行，要花很多時間。

但李開復告訴他：「生產力和興趣直接相關，面對我不感興趣的事情，我可能會花掉四十％的時間，產生二十％的效果；但遇到我感興趣的事情，我可能會花一〇〇％的時間，得到二〇〇％的效果。」

由此可見，眞正的時間管理，其實是自我認知的管理。關鍵是找到自己眞正感興趣的，或者對自己當下眞正重要或有益的事情。

那麼，怎樣才能合理安排和利用時間呢？我們先看一個例子：

小陽工作快三年了，看到前同事去鄉間住了一個月民宿，拍的風景照非常美，於是覺得人生應該像前同事那樣才好。從此她暗下決心按時下班，享受生活，並開始學習做飯和畫畫。

過了一段時間，小陽得知大學同學創業成功，年薪上百萬。她又覺得自己應該趁年輕努力賺錢，於是開始拚命工作，努力上進起來。

沒過多久，母親節到了，小陽想起母親身體越來越差，又覺得人生不能只有工作，陪伴家人才是最重要的。於是她又帶著父母去旅行，陪男朋友去爬山。

這麼一蹉跎，大半年的時間被浪費了。正好此時公司業務調整，部門被解散，小陽卻因爲這段時間工作表現不佳被辭退了。

被辭退的小陽痛苦不堪，不知道自己做錯了什麼。

其實小陽的問題，就在於對自己的職業現狀缺乏基本的認知，不知道當下對自己最有益的事情是什麼，不懂得選擇，做了太多無效的事情，浪費了大量的時間。

要想解決這個問題，首先要明瞭一點：每個人的時間都是有限的，每個人的時間也都不夠用。那些從容淡定的人，是因爲他們在管理時間時，擁有一套篩選重點的方法。

他們不一定會說出方法，但是在行動中，他們已經自然而然地執行了。

首先，篩選出自己眞正感興趣，或者對自己當下眞正重要的事物，再針對性地對其進行加強管理。這樣，你才能成爲時間的主人，才能在單位時間內做得比別人更好更出色。

當我們能從一堆雜亂無章的事情中釐清重點時，我們就不會把時間浪費在不必要的事情上，也不會因爲沒有完成而感到焦慮。

在生活中，我們常常感覺時間不夠用，很多事情想做卻覺得沒有時間。其實是對當下眞正重要的事情認知不足，如果你認爲一件事值得你去做，哪會沒有時間呢？

關於這一點，我在兩個朋友身上清楚地看見。

第一個朋友是銀行的經理，年歲漸長，日益發福，這令她十分擔心。另一位大公司的經理朋友卻每天都堅持健身，將身材保持得非常完美。

爲了變漂亮，朋友立志每天跑步，發誓要瘦得閃瞎大家。但沒堅持多久，就開始爲自己找藉口：今天我一整天都要工作，太忙了，完全提不起勁跑步；明天早上要開會，下午要見客戶，也不想跑了。就這樣，她的跑步計畫開始無限期延後，最後順理成章地流產。

她意志力不強嗎？並非如此。評選業務能力前三名的經理，每次都有她。她能在工作上花這麼多心力，爲什麼就不能約束自己去健身呢？難道人的意志力，對其行爲沒有相同的影響嗎？

後來我想到，朋友之所以不能像另一位經理朋友那樣堅持，歸根究柢是因爲對減肥的重視程度不同，對時間和意志力的分配，當然也會有所區別。

朋友當下的人生重點就是透過提升業務知識，獲得職場上的晉升，賺取更多財富。而另一位銷售經理，則更想要保持良好的身材——她認爲好身材能獲得更多訂單，所以更願意在身材上下工夫。

目標不同，時間分配就不同，得到的結果自然也不同。

2 所謂時間管理，就是選擇性放棄

我的下屬佳佳，每天有效的工作時間不會超過三小時。上午到公司，正要回覆郵件，忽然看到同事穿了一件新衣服進辦公室，便飛奔過去看，隨後，兩人竟自然地討論起最近新同事從日本帶回來的護膚產品。

正討論著，客戶傳簡訊給佳佳，請她看看需要的產品是否已經準備好。佳佳打電話過去，對方未接，她也沒有繼續追蹤。這時發現頁面上跳出了一個購物視窗，她又開始往購物車裡添加了自己的購買清單。網頁看著看著，一上午就這樣過去了，與工作相關的內容，她一項也沒有完成。

確實，有了根據使用者喜好個性化推薦的機制後，廣告入侵生活簡直避無可避，各種吸引目光的新聞、獵奇的影片，讓人根本停不下來。

很多APP甚至主動推出顯示時間、防沉迷等功能，就是爲了提醒用戶控制自己在應用上投入的時間。

人們以前在大街上看熱鬧，現在在網路上瀏覽各種八卦新聞。但這些內容，本質上和自我提升並沒有太大關係。

當我把這個觀察結果告訴佳佳時，她說：「我每天工作都很累，時常有焦慮感，看那些有的沒的，就當是休息吧。」

她的想法很具代表性：很多時候，大家並不是「不想做」，而是在不知不覺間時間就流逝了。想做的事情沒有做，到了下班的時候內心感覺無比焦慮。

其實，身在職場的人大多都曾遇到這樣的問題：每天睜開眼，你面對的都是一堆瑣事，每件事看起來都必須要做，但是一天下來，往往每件事都做得虎頭蛇尾。為什麼會產生這樣的問題？時間也沒有少用，但是最終的成效卻不大。

每次聽見這樣的抱怨，我都會提醒他們，遇到這樣的問題，完全是因爲沒有做好時間管理。如果將你每天的工作做一個清單，把清單上的工作事項分爲今天必須完成的和今天不必完成的，然後按照這個清單執行一天的工作，試試看會有什麼效果。

工作中必須完成的和不必完成的，就是我們時間管理上常說的必爲清單和不爲清單。這兩個清單能夠幫助我們提高效率，合理分配時間，順利地完成工作。

實際上我們一天的工作，就是在精力最好的時候先把重要的事情做完，而一些瑣事或者機械重複的事情可以放在後面做。有選擇地放棄一些暫時不太重要的事情，把時間花在重要的事情上，這樣才會事半功倍。

所謂時間管理，就是選擇性放棄。選擇性放棄，才會在紛亂的工作中掌握主動權。

足球利物浦隊的主將克洛普就是這樣一個人，在漫長的英超聯賽能夠取得冠軍才是他的重點。在長達三十八輪的比賽中，還要夾雜足協盃和聯賽盃兩項賽事，以利物浦隊來說，要想取得所有賽事的冠軍簡直是不可能的任務。

因此賽季初，克洛普在踢足協盃和聯賽盃賽事的時候，盡量讓主力隊員休息，盡遣二線隊員上去比賽。一是爲了鍛鍊年輕球員，二是爲了保存主力球員的體能。當然，利物浦在這兩項賽事中都相繼敗北。隨著聯賽賽事的深入，利物浦逐漸在聯賽中掌握了主動權，始終緊緊地咬住聯賽第一的曼城隊，克洛普可謂功不可沒。

克洛普在自己的工作中，有選擇的放棄，讓他的球隊在聯賽爭奪冠軍中始終保持競爭力，這是他在一個漫長的賽季對自己時間管理的精準表現。

3 分配時間的方式，決定實現目標的路徑

在談時間管理之前，先試著捫心自問：「自己到底要的是什麼？」這個問題的答案，對應著我們想要達到的目標。然後接著問自己：「確立了這個目標之後，將會用怎樣的方法去實現？」我們分配時間的方式，決定著實現目標的路徑。

很多職場新鮮人覺得時間不夠用，可歸類爲以下三種狀況：

【狀況一】

子墨是一個典型只做事不思考的職場人。對於接手的日常工作，不太愛動腦思考，也不太願意學習新知。因此，他的工作總是差強人意，常常爲了處理突發情況，耗費更多的時間去做補救工作。

與子墨一樣，我們身邊有很多人，從來沒有統籌規畫的思維。他們對時間沒

有什麼深入的概念，只是事到臨頭地應付差事，事後往往需要花更多時間去彌補所造成的錯誤或不足。對於這種情況，就像是我們對日常飲食不加控制管理，隨意對待，很可能會導致腸胃疾病，當我們的身體不堪負荷時，就不得不花更多的時間在治療上。

對於職場人子墨來說，因爲他對工作從來沒有進行過統籌，所以他每次都要花更多的時間去補救。這導致他的計畫總是受阻，問題越積越多，使他在工作中不堪重負，精神上也顯得疲憊焦慮。

【狀況二】

青陽是一個不願意花費心思提升自我的人，他認爲機會大於實力。看到甲公司賺錢，他就趕緊打聽自己有沒有進入甲公司的機會，看到乙公司起來了，他對乙公司又有些心動。

他懶於思考到底什麼適合自己，不願意在提升自我的技能上花時間，卻願意到處去找門路。

在甲乙公司都拒絕他之後，他感到很傷心，認爲這個世界都被有錢有資源的人把持著，自己根本就沒有機會。

其實，他並不是不努力，只是他的努力沒有用到該用的地方。

【狀況三】

伊菲是個令老闆放心的職場「老實人」。她不研究職場潛規則和門道，也不太愛表現自己，永遠兢兢業業地工作。

遺憾的是，她看上去永遠處在忙碌的工作狀態，卻沒有取得多少具體的成果。不知爲什麼，明明在工作中消耗了大量的時間，效率卻永遠上不來，工作的進展十分緩慢。

她所在的公司，反而是「懶人」們比他發展得更快，他們爲了少做事，會把時間花費在研究更有效率的方法上。「勤快的人」反而吃虧了，因爲他們總是把時間用在不加思考做的事上面。

其實，以上的三種狀況，都揭示了同樣的問題。他們三個人都不明白自己應該做什麼，他們未能將時間分配在工作中的必爲事情上：

子墨沒有在工作實踐中提升解決問題的能力，也不會統籌規畫工作。當碰到一項緊急困難的工作時，他沒有能力又好又快地解決問題，只能耗費大量時間，手忙腳亂地應付。

青陽則無法釐清自己現階段的位置，找不到自己當下的重點。在他不具備職場競爭的實力時，盲目制定了太高的目標。

伊菲在工作中蹉跎和消耗的時間，遠遠大於她利用的時間。她不知道工作中哪部分是重點，哪部分是可以發揮資源優勢，利用共同資源去完成的。

要想眞正成爲時間的主人，我們應該學會合理分配自己的時間。一個人要想實現自己的目標，就要看你爲這個目標花費了多少時間。因爲我們如何分配自己的時間，正是決定了我們實現目標的最佳路徑。

按照時間管理的四象限法則，會把事情分爲重要且緊急、重要不緊急、緊急不重要、不緊急不重要四類。

有人對解決問題的情況做過一個排序：我們應該先做重要且緊急，接著是重要不緊急，再次是緊急但不重要，最後才是既不緊急又不重要的事情。

這個排序大部分人都能理解，但在眞正的行動中，我們常常優先處理的是

「緊急的事」，不管它重不重要。

很有可能在我們拿到它的時候並不緊急，但在我們蹉跎時光的時候，它的緊急度會隨之增加，這是造成焦慮和混亂的重要原因。

比如你知道「花時間學習」這件事情很重要，可是它並不緊急。於是，你從來沒有規定自己時間去學習，直到有一天因爲不學習吃了大虧，你才會意識到學習的緊急性。所以，最好的方式，就是不斷用明確的意識和行動，強化「不斷學習」的重要性。

再如我們拿到案子的第一時間，提前花時間思考幾項解決方案，就能提高後續的工作效率，但是我們卻常在之後反覆浪費時間，也不願意在第一時間對其進行思考和分析。

如果你常把「沒時間」掛嘴邊，那麼請你好好思考一下，時間到底是怎麼安排的？工作到底有沒有重點？其實找到工作的重點並沒有那麼難，我認爲二八法則就能夠很好地具體運用。

八〇%的工作成果，是二〇%的關鍵帶來的，優秀的職場人就是要找到這關鍵。究竟該怎麼找？如果自己不知道，可以向優秀的老同事或者上司請教：「如果我每天的工作只能做五件事，你覺得最重要的五件事是什麼？」

這個問題還可以進一步深化。我們可以思考自己的人生規畫：「你到底想要成爲什麼樣的人？」「希望過怎樣的生活？」「我人生最想要實現的五件事是什麼？」「對於這個目標，你付出了什麼樣的努力，有什麼樣的路徑去達成？」

我想，對每個人而言，這個問題的答案都是不同的。

當我們有能力分清什麼該爲、什麼不該爲時，我們的時間自然就會花在我們認爲重要的事情上。而你也會爲了這個目標去找方法，合理安排自己的時間。

4 在最有價值的時間，做最有價值的事

我在招聘時，經常問很多面試者在特定的場景中，一些關於時間管理方面的問題，有意思的是，很多人給的答案令人摸不著頭緒。

我假設了一個狀況：

明天要開銷售會，你身爲主講人需要準備資料，而且需要對這些內容非常了解。恰巧在今天老闆想要一份上個月的銷售報告，他準備第二天在出差的路上看。而同事臨時有事請假，請你代勞幫忙接待一下他的客戶。老婆有事，下午四點半以後，要你去學校接孩子放學。

請問如果你是這個銷售員，怎麼安排這一天的時間？

面試者中，回答先準備老闆要的報告占多數，他們一般的邏輯認為老闆安排的事比較重要，對其他幾項的排序則各不相同。

雖然他們給的理由看似成立，但是身爲一個職場「老鳥」，我認爲他們還是

沒有抓住事情的本質。

正確的時間安排應該是：上班後先花十分鐘交代同事，請他的客戶下午三點半到公司，預計用半個小時接待客戶。然後集中上午的時間，準備第二天會議的資料，在下午兩點半前完成資料的準備並熟悉。接下來花半小時調取上個月的銷售報告，列印裝訂，送到老闆辦公室。接著接待同事客戶，最後去學校接孩子放學。

其實身爲一個銷售員最重要的工作，就是準備第二天的會議報告的資料。這個資料不單單只是準備出來，還需要對資料有充分的了解。

上述例子，並不是一個時間分配的範例，而只是爲了說明時間管理的一個理念：在相對集中的時間裡完成最重要的事情，才會是職場人士對時間最好的管理。

針對上述的場景，面試者的答案各不相同，也就是每一個人的時間分配各不相同，他們如何分配時間，取決於他們對時間管理的認知。

要想獲得最大的成就，一定要在最有價值的時間，做最有價值的事。

一個人的時間用在哪裡，是能看見的。

一天中精力最旺盛、注意力最集中的時間要分配給最需要專心的工作，比如那些需要邏輯思考的事情。而其他的機械運動，不需要大腦高度配合的工作，就可以放在精力不太充沛、注意力不是太集中的時候進行。

就像是在此前的場景中提到的調取和列印銷售報告，這些工作都屬於機械運動，不需要大腦的高度配合。而需要邏輯思考，深入理解的工作，例如提到的整理和深入了解演講的內容，這些需要大腦深度思考的工作，則要在一天中精力最好的時候去做。

說到這裡，很多人肯定又會迷茫，我只是一個職場菜鳥，我怎麼知道我應該做什麼、不應該做什麼呢？更重要的是，我並不知道哪些是對我有用，應該優先分配時間的事情。

很多時候，我們並不是因爲想做卻做不好而痛苦，而是因爲找不到處理問題的捷徑而痛苦。

當我們爲自己必須要完成的事情排序時，你會發現，即使這些事情都很重要，但是也有輕重緩急。

如果對如何分配時間感到一籌莫展時，可以嘗試從以下幾個方面來解決：

首先，要學會列出自己的時間清單。這個時間清單並不需要規定自己在什麼時間點一定要做完什麼，嚴格卡著時間表進行；而是我們需要把我們在某個時間段內必須做完的事情列出來，排列出主次，同時觀察自己完成這些事情的效率。

如果一件事做起來很簡單，隨手就能完成，我們也可以先把它做完，讓自己從完成度中獲得信心。

如果一件事情做起來很難，但是我們還能攻克，先做起來總比等待要好。

如果一件事情我們確實需要別人的幫助，我們可以先籌備，待時機成熟後再解決。

在處理這些事情的過程中，我們可以慢慢總結哪些部分是需要學習補充的。然後，帶著目標去學習實踐，就會事半功倍。

其次，利用碎片時間來做一些簡單的事情。譬如等車、排隊時，我們可以回覆郵件、客戶的訊息、構思會議發言的內容等等。

再者，每天早上上班或者預備進入學習狀態時，不妨花一點時間，把一天該做的事情排好優先次序，並要求自己把當天最重要的三件事做完。

我們每天都會面對各種各樣的突發狀況，也常常需要緊急處理一些瑣事。但要記住，這些瑣事不能成爲我們生活的主流，我們需要釐清自己最重要的事情是什麼，應該將它進行到哪種程度。

最後，運用二八原則，分清自己的高效率和低效率的時間，然後分配自己要做的事。利用最高效率的時間，二〇%的時間投入就能產生八〇%的回報；而低效率的時間，八〇%的時間投入只能帶來二〇%的回報。

除此之外，我再提供一個方法，就是提升我們的「時間顆粒度」。什麼是時間的顆粒度？時間顆粒度，就是一個人安排時間的基本單位。

網路上曾經流傳了一張企業家王健林的日程表，上面有一欄寫著：「12:45-13:00 海南上司會見。」他的時間顆粒度是按照分鐘來計算的，和海南省上司會見很重要，因此他給這次會見留了十五分鐘。

我們都知道特斯拉的創始人伊隆．馬斯克是世界級的大忙人。他管理好幾家公司，不但製造汽車，還要發射火箭。他最關鍵的時間技巧就在於：把一天的時間分成一系列的五分鐘來使用。譬如他經常在開會中吃午飯，一般吃午飯的時間控制在五分鐘或以內。一般人不怎麼關注短短的五分鐘時間，過去就過去了，而馬斯克以五分鐘爲單位的工作法則，讓他基本不浪費任何時間。

如果你想提升你的時間顆粒度，我建議以半小時爲一個顆粒，半小時後就適當切換任務。

以上時間分配的方法，能夠幫我們找出自己的高效率時間和低效率時間，在最高效率的時間裡完成回報率最高的事情，在相對低效率的時間裡完成不太重要的事情。相信如此，你一定能夠掌握什麼時候該做什麼事。

5 人一生的成就，是一次次取捨的結果

「我每天一睜眼就有很多事情要做。」

「爲什麼雜事這麼多？我感覺自己每天都疲於奔命，四處救火，在處理各種各樣的瑣事。」

職業研修班的學員曉雪向她的輔導師傾訴自己的煩惱。那年從公司辭職時，原本認爲自己成爲一個自由工作者後，每天都會有完整的可支配時間，但當她眞的辭了職，卻發現自己每天的時間被各式各樣的雜事占滿，自己寫作的時間不增反減。

從前在職場，每天除了工作之外，還能抽空學琴、做菜、寫作，現在辭職做了家庭主婦，卻整日覺得疲憊不堪，節奏似乎比以前上班的時候更快。

「妳每天都在做什麼？」職業輔導師問他。

曉雪煩不勝煩地一一細數：「接送孩子啊！六點鐘起床做飯，路上花費一小

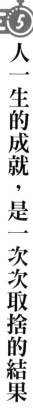

時，每天要往返兩趟。還要買菜、做家事、輔導孩子寫作業，根本沒有閒下來的時候。我羨慕那些生活單一、沒有雜事，可以一心一意搞創作的人。」

輔導師說：「其實，每個人一天可利用的時間是一樣的，人與人之間的差別也不會太大。妳覺得自己每天的時間都被瑣事所消耗，是因爲不會拒絕瑣事。」

曉雪回想了一下，發現自己確實如此。日常生活中，常常會被各種各樣的瑣事纏身，無法放下瑣事，所以也很難集中精力去做自己該做的事。

例如正做家事時，突然快遞來了。她確認快遞收貨時，卻被手機上的某個資訊吸引。等看完手機再抬頭時，發現一個下午已經過去了。

大部分人都是如此，他們理解的時間不夠用，是發現自己每天看似忙碌，但所有事情還在原地踏步，沒有完成度。

其實，我們和那些厲害的人的一天沒有不同，同樣是二十四小時，但他們卻能有意識地控制自己消耗在瑣事上的時間，將大部分時間投入到自己眞正想做的事情上。

成功的人，就是選擇做好一件事，做精做專。正是他們放棄了很多，才會取得那麼高的成就。人生的成就，實際上是一次次取捨的結果。

當他們在規畫一天的工作時，會預先規畫自己一天當中最應該做的事情，再找到自己不得不做的事情，確認了這兩點後，剩下的事情其實可做可不做。例如家事、輔導作業、買菜，其實這些事，安排得當並不是每天都需要做。如果所有事都想做，沒有「不爲」清單，即使我們是超人，也難把事情都做好。畢竟，人的精力是有限的。

許多例子告訴我們，只有自律的人才能得到眞正的自由。我認爲他們所說的自律，並非一個人二十四小時都高度集中精力去學習、工作。而是我們應該學會拒絕，拒絕被那些瑣事所干擾，將主要精力都用在必須要做的事情上。

我曾經觀察過我的一位前上司，他是一個眞正自律的人。他的一天是如何度過的呢？

首先，他會事先找出一天中哪些是必須完成的事項，規定好時間節點。中午會休息一小會兒，以便下午能集中精力去投入工作。因爲安排得張弛有度，所以既沒有臨時抱佛腳的無措，也沒有手忙腳亂的虎頭蛇尾，反而讓人看到他的有條不紊，生活很有節奏感的樣子。

其實時間的管理，在於你一天眞正投入心力做了多少事情。

曾經有人說過，治療丟三落四最好的方式，就是在大腦之中釐清什麼該做，什麼不該做。然後把所有的東西放在固定的地方，當他們井然有序時，你就不會在小事上浪費時間。

可見在同樣的時間裡，一個心智程度更高、更願意自我管理的人，比一個心智低下，注意力容易被外物打斷的人，效率要高很多。

時間管理的意義就在於此。時間對所有人而言都是一樣的，區別的只是人的心智。試想一下，當我們在外力的約束下工作時，只要我們願意投入心力，一年下來，會發現收穫頗多。

不管我們在工作以外做什麼，在工作時間內，因爲我們是受雇於公司，所以必須完成分內的工作。在這樣的內力和外力驅動和約束下，我們工作的八小時就會很有效率。經年累月，這一個又一個的八小時就會產生預想不到的效果。

此外，你有沒有發現，當一件事的截止期限來臨時，你比以前的效率要高得多？因爲這個時候，你的注意力也要集中得多。

眞正的時間管理，就是集中精力做有效率的事情，把其他無關的雜事盡量規律化，讓它不會影響到我們的主要目標。

天天喊著時間不夠用，卻不願意改變自我的人，是無法管理好時間的。你想要什麼樣的生活，完全在於做出了什麼樣的選擇。很多時候，並不是你不願意好好經營自己，而是無法捨棄那些阻礙你變得更好的壞習慣。

不要認爲把七色光混在一起，就可以得到五彩斑斕的顏色，其實七種顏色混在一起是無色透明的。生活也是如此，你想要的越多，欲望越大，距離你想要的生活可能偏偏越遠。

時間對於每個人都是公平的，每週一百六十八小時，不多也不少。你未來是什麼樣子，就在於你人生中的一次次取捨。有的人用來追劇，那麼他得到了感官的快樂；有的人無所事事，那麼他會感到無盡的虛空；而有的人卻用來做有意義的事，那麼他將會不斷提升，在未來的某一時候綻放出絢麗多姿的色彩，爲自己的人生披上七彩霞衣。

你不能增減時間的長短，只能在有效的時間裡，更多地選擇有意義的事，提高自己的效率，才能在有限的時間裡，打造想要的生活。

第二章

沒有時間，只是因為不重要

善於管理時間的人，往往有著強烈的自我驅動力，令他們在對待一件事時有著強烈的專注力。

1 不該是看起來很努力，還要規畫加持

我接觸過三個人，這三個人都很努力，都給自己定了目標。第一個女孩希望能夠考上夢寐以求的名校研究所，第二個女孩希望一年之內減掉二十公斤，第三個男孩希望能夠追到自己喜歡的女孩。

三個人爲了自己的目標都各自努力著。

想考研究所的女孩，每到週末很早就去圖書館占位子念書，很晚才會回到宿舍休息。有的時候回到宿舍，還會繼續讀到很晚，看著日漸消瘦的她，我眞的覺得她非常努力。但有一次聽同寢室的人說，她晚上開夜車，白天去圖書館幾乎都在睡覺。雖然看上去努力在實現自己的目標，可是最終還是沒有考上自己心儀的學校。

想減肥的女孩宿舍床旁邊，寫滿了減肥的口號，剛開始她非常痛苦，拚命運動，拒絕零食。但是每當站在體重機前，看著自己的體重，僅僅減少了一點點，

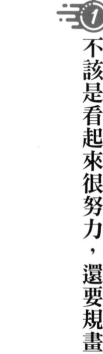

她就滿腹委屈。後來聽說每次餓了就偷偷打開零食果腹，有人勸說減肥少吃那些垃圾食物，她總是回答先吃飽了再減。

想追求女孩的男孩，從打定下了目標後，就開始發起各種猛烈的攻勢，當女孩漸漸對他產生好感，準備接受的時候，卻因爲一次小事，女孩徹底失望了。一次她那個來，說肚子很不舒服，男孩卻在電腦前瘋狂地玩著遊戲，僅回了一句：「多喝熱水就可以了。」最後她拒絕了男孩的追求。男孩一直不明白，我已經非常努力了，爲什麼還不接受我。

三個人同時失敗，都是因爲看起來很努力，卻未曾眞的努力。

考研究所的女孩，晚上不睡覺開夜車，白天大好時光卻睡覺，在別人看起來是很努力，其實這是本末倒置。想減肥的女孩，口號喊得響，卻敵不過自己的慣性。追求女孩的男孩，以爲很努力地在關心女孩，其實只不過是裝裝樣子而已。

有些人只是看上去非常努力，是因爲他們沒有眞正利用自己的時間。但是有些人確實已經很努力，爲什麼依然沒有成就呢？

美國經濟學家穆萊納森和心理學家沙菲爾發現：「窮人之所以越來越窮，並不是因爲他們不夠努力，相反地，他們非常辛苦。但他們努力的方向很成問題，他們只是機械地重複自己認爲對的事情，而對於哪個階段應該把握什麼樣的重點，卻沒有任何選擇和思考。正如生產線上的工人，他們幾乎一天二十四小時都在工作，但這只是重複性的勞動，這樣的努力並不能眞正爲他們帶來財富。」

念書時，我們總會遇到這種人，恨不得一天二十四小時都用功努力，但是成績卻始終平平；進入職場，我們也會看到每個公司都有拚命加班的人，但是他們除了經驗累積，對工作並沒有實質的提升。

有個學生非常勤奮，但成績一直不太好。爲了敦促自己努力，他爲自己制定了一份詳細的學習計畫。這份計畫從早安排到晚，幾乎沒有空餘時間和彈性空間。

我告訴他，這份學習計畫應該適當調整，至少要留出充分的時間來思考總結，對自己這一天的學習內容進行審視，然後調整第二天應該做的事情。他卻沒按我說的做，果然沒過多久，他就堅持不下去了。

人不是機器，我們需要對自我進行管理。應該認知自己擅長的部分，對這個部分要重點規畫、重點管理，其餘時間處理一些次要的事情。

時間管理的第一步，不是要一口氣做滿，而是要釐清順序，知道我們最擅長什麼，再集中精神向這個方向努力。

時間管理的第二步，是在釐清自己需要什麼之後，留出專門的時間思考總結，讓自己在前一步的基礎上有所提升，有所進步。

這和大部分所謂努力的人秉持的觀點不太一樣。那些恨不得把一天二十四小時都用上的人並沒有眞正做到管理時間，而是出於一種懶惰的心態，不願意思考自己的人生，不願意觀察自己面對的世界，只是妄圖用機械地重複來減輕自己的焦慮感，我們要有效的思考，才能夠避免無效的努力。

要知道，眞正意義上的「管理」，是需要深度思考，並且進行長期規畫的。

美國著名的哈佛大學曾經做過一個研究，他們找了一些青年樣本。其中二十七%的人沒有人生規畫，六〇%的人有非常模糊的人生規畫，一〇%的人有短期規畫，只有三%的人有長期規畫。

二十五年之後，那些對人生有長遠規畫的孩子，幾乎都成了社會頂尖人士；有短期規畫的都成了中產階級，例如醫生、律師等；有模糊規畫的人生活在社會中下層，自己本身沒有太高的社會地位，但又特別希望孩子有出息，代替自己完成人生目標和人生理想；完全沒有規畫的人成了社會最底層，整日怨天尤人。

那些做著大量機械重複工作而沒有實質效果的人，他們沒有用腦，也沒有用心，所以不會產生顯著效果。

時間是公平的，每個人一天都有二十四小時，時間也是不公平的，有的人用這二十四小時創造出數倍的價值，有的人卻用這二十四小時走完了一天的過場。

他們之所以沒有成功，並不是不夠努力，而是沒有花時間來思考自己未來究竟想要什麼樣的生活。有一個清晰的長遠規畫，就能夠對你的未來形成很好的加持。

所謂的人生規畫，眞的沒有我們想像得那麼複雜，並不是設定一個明確的人生目標，然後爲這個目標設定一條路線，照著這個路線走就是人生規畫，其實這樣的路線幾乎是不存在的。

那什麼是規畫呢？就是認定一個大方向，然後基於這個大方向，選擇當下對自己最有益的事情去做。

我們職業研修班有一位阿祥的學員，他的故事就非常勵志。

阿祥家庭環境不好，專科沒讀完就不得不出來打工。剛開始什麼也不會，他只能選擇送快遞。

他透過網路向職業輔導師求助，希望能提供他一個清晰的規畫。他只知道自己不能一輩子送快遞，可是能做什麼行業，幾乎一無所知。

後來在輔導師的幫助和引導下，他開始一步步行動起來。經過探索，他覺得程式設計師的工作體面，又相對較爲了解，因爲常幫一家公司的程式設計師們送外賣，和他們混熟了，於是找機會請他們吃頓飯，並請他們幫忙推薦幾本書。此外，他還報了線上課程，每週一有時間就去這家公司向人請教。

剛開始他的程式寫得不好，有些設計師就看他笑話，嘴上說「做得好」，其實是半嘲諷半搪塞。後來時間一天天過去，他寫的程式竟然有些成績了，輔導師鼓勵他一邊學習一邊投履歷，可是基本上都石沉大海，但是他沒有放棄。

直到某天，那家公司一個程式設計師離職，老闆不肯出高薪招人，而找來的應屆畢業生都過不了測試。這時老闆想到了他，讓他來試試，萬萬沒想到，測試的題目他全都做出來了，就這樣順利被錄用。

當時那家老闆開的條件確實苛刻，月薪很低，做六休一，也沒有保險福利。面對待遇，阿祥很猶豫，畢竟他送快遞一個月賺得比較多。但是輔導師堅定了他的信心，畢竟對他來說，這是一份正式的程式設計的工作，是一個新的開始。履歷上有了相關工作經歷，他以後再找工作就不難了。

後來阿祥做了一年多的程式設計師，表現很好，最近正打算轉職做產品經理。

阿祥的故事很典型，他會規畫自己的人生，懂得選擇最重要的事情，並且一以貫之。他知道透過努力，用一個選擇來換下一個更好的選擇，其實厲害的人都是這麼一步步走過來的。

2 行動前思考，別讓時間辜負了你的努力

子睿和明洋為職場同期，上司安排他們去市場上看看馬鈴薯的價格。子睿將馬鈴薯的價格如實彙報給上司，而明洋則思考了三步以上，他不僅洽談了馬鈴薯價格，還貨比三家，最後選了一家CP值最高的銷售人員，將其帶回來與上司面談。

從這個故事，我們可以看到——真正優秀的人才在做事前，更習慣分析和思考，走一步能看三步。他們善於給問題找答案，又懂得總結規律，舉一反三，所以一次能解決好幾件事。

我常常說一句話，一個人在思維上走得越深，在行動上走得越穩。現實生活中的大多數人，從學校開始就習慣被老師安排學習路徑，進入職場，他們又被上級要求完成各種任務。他們很少自己動腦思考，也很少主動尋求自己想要做的事情。他們的人生很被動，只能是亦步亦趨地跟著別人的指揮走。

久而久之，他們就會發現，自己累得像條狗，卻又什麼都沒做好。技能上沒有提升，工作中也沒有晉升的可能性，最多只能算是個熟練的打工者。

優秀的人則不同。他們行動前往往更善於思考，同樣二十四小時，他們的時間利用率要比普通人高得多。

他們深度理解了學習這件事。同時，他們的學習節奏由自己掌控，在單位時間內妥善安排學習的內容，絕不等老師指派。

其實我剛工作時，內心也非常排斥自己動腦，現在想來知道這是什麼原因了。因爲思考不僅很累，而且思考之後的結果也不一定正確，這樣反而不如不思考，這是很多職場人不愛思考的原因。

當時的我只是等待別人給我資源，指派任務給我，而在等待過程中，如果別人沒有新任務給我，時間基本就被我蹉跎浪費掉。

然而，我的上司卻總能很快從案子中找到核心點，一針見血地指出問題所在，並提出解決方案。

我一直在思考自己的問題出在哪裡。後來，我開始模擬上司思考和觀察問題的方式，化被動爲主動。透過對他的模仿和觀察，我發現，他在行動之前，會將各方面問題先深度思考一遍，同時，對一些可能出現的問題做了推測，還列出了備選方案。並且，對未來需要達到的目標，他也會提前做出計畫。

爲了向他學習，我也開始試著提高自己的時間利用率。首先，在單位時間內，我盡量把自己能做到的任務做到最好，考慮周全，避免重複修改浪費時間。其次，我會每個月爲自己制定一個工作目標和學習計畫，有意識地收集這方面的資訊。最後，清晰地認知到自己的問題，並帶著解決這些問題的目的，再去工作學習。

化被動爲主動後，我發現工作中自己能解決的難題越來越多，工作起來也越來越得心應手。透過主動參與，開始知道工作的關鍵節點在哪裡，不但績效明顯提升，還緩解了工作中的壓力。

這件事讓我想起了兩個經營社群網路的朋友。

他們每天都要花費大量時間寫作。不同的是，一個朋友越寫粉絲越多，而另一個朋友卻越寫越沒勁，越來越沒有人看。寫到後來，第二個朋友自己也寫不下去了。

其實，他們的勤奮度並沒有什麼區別。造成這樣的差異，主要問題是出在他們對社群網路的理解程度。對那個成績好的朋友而言，他並非盲目地埋頭苦寫，而是在調查了大量的社群網路之後，確定了自己的定位，理解了用戶主要的閱讀方向，進而有針對性地打造他們需要的選題。而另一個朋友並未做市場調查和統籌規畫，只是盲目地寫一些自己當下的感悟以及對某個事件的理解而已。

他只是做了「寫」這件事，並沒有進行寫作前的準備和思考。

其實，社群網路做爲一種媒體，受衆也是其中重要的一環。眞正的優秀者，善於戰前思考。他們會帶著解決問題的心態去鑽研，同時全力投入，因此在單位時間內，他們的效率會比普通人高很多。其實有效的思考眞的沒有多難，無非就是認眞回答這幾個問題：「這件事還有沒有更好的做法？」「誰可能知道更好的方法？」「別人會怎麼看待我正在做的事情，高手會提出什麼樣的意見呢？」

影響一個人學習效率的地方就在於此。將主要精力投入到一個方向，就像不停地在大腦拓寬思維跑道一樣，到最後你會發現，隨著跑道的加寬，在處理同類事物時，你的思維只會越來越敏捷。而那些等待別人指示，自己從不動腦思考的人，只能做一些機械運動。這種學習方式和工作方式提升的空間太小，不能爲自己帶來突破性的進步。

這個世界上的絕大多數人，之所以感到自己一生大部分時間都被蹉跎掉，歸根究柢是因爲他們沒有創造性思維，不能一次又一次地自我突破。做事情前不願意思考和分析的人，浪費了時間，辜負了自己的努力。久而久之，他們將不願意面對陌生的、需要投入學習和耗費腦力又擔風險的事，從而失掉自己探索世界的主動性。

無論在學校還是在職場，那些眞正優秀的人，總是先思後行，在自己的專業領域，都有很強的掌控感。他們去成長探索，願意把時間和精力都用在刀刃上，他們是解決關鍵問題的人。

如何在開展有效行動之前進行思考呢？很多人會做計畫，但又覺得計畫趕不上變化，其實你的計畫裡面並沒有包含變化。如果你在做事的過程中遇到了阻礙該怎麼辦呢？我經常用「WOOP原則」處理。

爲了讓自己能夠完成一些事情，我們經常會給自己制定計畫，但也很容易輕易放棄，因爲我們在制定計畫的時候，大多只有一個籠統的概念和想法，並沒有想過執行過程中遇到問題的時候該怎麼辦。

「WOOP原則」就是在我們的大腦中提前植入一個程式，在做事情之前就先設計好遇到阻礙時的解決方案。

什麼是「WOOP原則」呢?它其實就是四個英文單字的縮寫,這四個單字對應的中文意思分別是:

W:願望,做一件事情的期待。

O:結果,這件事最好的結果是什麼。

O:障礙,做這件事遇到的障礙是什麼。

P:計畫,遇到障礙後的計畫是什麼。

這個原則最後的兩個字母O和P其實就是「如果……就……」的意思,就是「意外執行指令」,讓你在遇到問題的時候也能持續進行下去。

在工作和生活當中我們如何使用WOOP原則?

工作和生活中,我們經常會偷懶,拖延症發作,這時候你就可以在做這件事情之前提前設計好「如果……就……」的機制。比如有時候我回到家,本來是想讓自己再工作一會,但有時候實在不想工作,這時我會拿出之前準備好的機制應對:「如果我回家不想工作,我就看看最近買的新書。」有了這條「意外執行指令」,我通常就會看書,而不是追劇或滑手機。再例如在執行計畫的時候,臨時遇到障礙，類似本來這週要完成方案，但是由於事情太多讓我沒有完成，這時，我也會啓動「如果……就……」的機制。如果沒有完成，我就主動和相關同事溝通，告知他們我的完成時間，這樣就不會做事不了了之了。

眞正優秀的人，往往是那些用大腦控制行爲的人。在這個世界上，很多人心懷遠大目標，想要成爲某方面專精的高手，卻總是不得其門。他們受挫之後就選擇迴避，此後的時間只是重複過去熟悉的路徑，很少再去探索新的領域。

時間公平的地方就在於此。我們可以欺騙生活，但是無法欺騙自己。在同樣的時間裡，我們克服了多少困難，解決了多少問題，我們就能有多大的成就。

所以，當你覺得時間辜負了你的努力時，可以停下來看看，認眞思考一下，你對時間的利用率怎麼樣？在同樣的時間裡，你是在重複自我，還是在攻克難關呢？

3 發現內驅力，不把時間浪費在無謂的事情上

我的一位學員小楊大學畢業後，順利進入一家國營企業擔任建築設計工作。從最開始的實習生熬到了如今的老員工，還升上了部門主管。雖然薪水比之前多了數倍，但他還是希望能夠繼續晉升。然而，隨著公司引進外部的人才，來了一位資歷不錯的工程師，人很年輕，喝過洋墨水，很多新技術傍身，一入職就和他平起平坐。因爲部門經理面臨退休，他們之間的競爭也越來越白熱化。

原本十拿九穩的升職，如今卻讓他倍感壓力。尤其對方還承攬了很多的新案子，讓他更加明顯地感到事業進入了瓶頸期。

可是，從無名小輩到如今身居高位，小楊早已過了黃金學習期。再加上對手來勢洶洶，接連幾個案子成績斐然，反而是小楊這些年身居管理層不在一線，專業技能落下了許多。多年的安逸習慣養成了他四平八穩的官僚作風，工作不求表現，但求無過，這樣使他處處落於下風，逐漸被對手碾壓。公司高層對他很是不

滿，頻頻對新人示好。

對此小楊著實驚慌，年近四十的他不得不重新開始考慮學習新技術，比如英語。然而，丟棄了多年英語的他一看到單字就頭痛，短短一篇國外論文，光是專業單字就夠他查半天，更別說理解了。所以，他堅持沒多久就把學習新技能的事情擱置了。

後來，他考慮到自己多年來從事管理工作，或許可以劍走偏鋒，提升管理能力，搏一搏運氣。於是買了大量管理類的課程和書，可是看不了幾頁，就又昏昏欲睡了。而且遇到新名詞和新理論時，他又常常拉不下臉請教別人，問題全都不了了之。可以說，這次的學習提升不但沒任何功效，反而因爲憂慮，讓他常常焦躁不安。

工作五六年，每天重複著同樣的工作，激情磨滅，預想中的薪資待遇也遙遙無期。就在你糾結跳槽還是自我提升時，你突然發現自己學習能力退化，或者堅持不了幾天就又喪失了學習的動力。

尤其當你看到周圍同事都在聊天、滑手機時，你又忍不住寬慰自己：算了吧，明天再學，反正不差現在這點時間！於是，時光就這樣在指縫中慢慢溜走，你也終於從曾經的青年混成了如今的中年。

小楊的困擾，其實也是大部分職場老員工的心聲。剛入職場，身為菜鳥的你信心滿滿，不管做什麼都會努力向前衝。因為在你的潛意識裡，如果不好好學習，努力掌握必需的技能，就意味著丟飯碗，下個月的房租就會沒有著落。強大的求生本能是你的驅動力，驅使你全力以赴地完成哪怕艱巨如山的工作。遇到難題，你會主動請教，積極翻閱資料，想盡一切辦法去解決。

有了這些需求，你就會有勇氣披荊斬棘度過實習期，所以職場新人往往沒有這些困擾。反而是那些有了一定資歷、生活平穩且工作了幾年的「老鳥」會因為安逸喪失原有的內驅力。

何為內驅力？簡而言之，就是內心驅動自己一定要採取行動的力量。就像災難片裡的死亡威脅和饑餓威脅，你不努力，就要被淘汰；你跑得慢，就只能被怪物所吞噬。有了求生渴望，你才會在生死關頭爆發出驚人的戰鬥力，這就是一個人原始的內驅力。

那麼，強大的內驅力從何而來？我們看了那麼多名人傳記、經典語錄，常常被他們堅韌不拔的頑強和持之以恆的堅持所折服。我們震驚於他們強大的自律、堅持，卻忽略了他們最關鍵的內因——內驅力。

這些內驅力可以來自原生環境、興趣愛好，也可以是性格使然。這也是貧民學子往往比家境優渥的子弟更刻苦的原因，他們面臨最迫切的願望就是改變命運，擺脫貧窮，進而改變整個家庭的命運。

但如果原本惡劣的生存環境在經過幾年的奮鬥之後，發生了一些變化，促使你奮鬥的原始內驅力有所減弱，很多人就會出現懈怠及迷茫的情況。一旦危機來臨，馬上面臨的就是被淘汰或被邊緣化。

善於管理時間的人，往往就有著強烈的自我驅動力。正是這種自我驅動力，令他們在對待一件事時有著強烈的專注力。他們從不會把時間浪費在無謂的事情上，他們的內驅力促使他們只專注於重要的事。

在團隊裡，核心的人員是一個隊伍的支柱，他們永遠知道出了問題應該如何解決，永遠可以想到新辦法，就像一個自發光體。他們熱愛工作，有著強烈的內驅力，促使他們對奮鬥保持著長久的激情。

內驅力從哪裡來？其實恐懼和期待都能帶來內驅力，但是長久的內驅力還是來自期待。恐懼畢竟是消極的，它會隨著行動以及環境的改變而減弱，但是期待卻不會。當我們期待更好的生活，期待更有趣的體驗，期待更完美的作品時，則會有無窮的動力。

你之所以做不好一件事，不一定是因爲自己不努力。你工作了那麼久，一直默默無聞，不被上司重視，其實很大一部分原因是你並沒有思考過這個工作最令你感興趣的地方在哪裡、你爲什麼要選擇這種生活、還有哪些是你可以改進的地方。

狼性文化是許多大企業非常推崇的團隊精神。因爲狼的嗅覺靈敏，作戰不屈不撓，不僅對自己狠，對敵人也狠。尤其在團隊作戰中非常兇悍，很適合企業團隊協作，狼性文化永遠不會使自己過時。

而身爲一個合格的職場人，不僅要時刻保持頭腦清醒，不被安逸的現狀所局限，還要隨時隨地更新軟硬體，讓自己時刻處於被喚醒的狀態，枕戈待旦迎接新一輪的挑戰。

當你蓄滿了這樣充滿生機的內驅力，不論做什麼都會給自己一個堅持的理由。即使再苦，也會咬著牙走完全程。

半途而廢或是淺嘗輒止，不是因爲不努力，而是因爲缺乏內驅力。所以你才會迷失在安逸的舒適圈，找不到未來的出路。

環境不會改變，解決之道在於改變自己。消極的人被環境控制，而積極的人卻善於改變自己控制環境。只有發現自己強大的內驅力，不斷尋找適合自己的出路，懂得揚長避短的人，才是時間眞正的朋友。

4 提高效能，必須知道自己想成為什麼樣的人

一位常年做一線勞工的學員阿樂很苦惱：「我不喜歡現在的工作，天天處在噪音和油汙的環境裡。我喜歡管理類工作，但我的學歷只有專科，在看中學歷的國營企業，根本沒有機會。我想到外面去闖闖，但家人不同意，他們覺得吃公家飯穩定。我卻覺得這樣的環境是溫水煮青蛙，不利於以後的發展。現在很迷茫，不知道該怎麼做。」

阿樂知道自己條件不好，利用業餘時間報考網路課程，並順利拿到了證書。在此期間，他自學辦公軟體和PPT等相關知識。

可是他依然無法改變現狀，常常對未來感到迷茫和惶恐，雖然目前備考在職MBA，但仍然不知道這個證書能否改變自己的命運。

阿樂的情況也是大部分職場人的心聲：我不是沒有目標，也不是沒有付諸行動，可為什麼學習了那麼多知識和技能，卻依然沒有用武之地呢？

迷茫是當下很多職場人提到職業規畫時頻繁使用的詞彙。在職場中，很多人時常會感到迷茫，原因就是對現狀不滿意——渴望得到公司重用、升職加薪等。有的人能夠認識到自身的不足，透過各種管道學習，努力提升自己。然而，當他堅持一段時間後，發現依然改變不了現狀，就會更加迷茫。

爲什麼迷茫？是因爲他們不知道自己未來想要成爲什麼樣的人，該往哪個方向努力。想要充分利用自己的時間，提高效能，就必須知道這個前提。

要想在有限的時間裡取得突破，首先就要找自己的定位，我想成爲哪種人？從事哪項具體的工作？從事這些工作需要哪些專業技能？

然後有針對性的、有目的性地去學習。當然，最重要的是先要有一個明確的規畫，然後才是付諸行動。

所以，阿樂目前的困境不是讀ＭＢＡ就能解決的，他需要重新整理自己的人生目標，找對未來人生的定位。

當然，這只是第一步開始。接下來，他要做的不是去讀ＭＢＡ，而是要找一份類似的相關工作，或者助理，甚至是實習生。透過具體的職業體驗，縮短通往目標的時間，爲管理職做好準備，一步一步逐級量化提升。

我的一位前同事，剛工作時做的是文書工作。他大學畢業後，在國營企業當了一年的勞工，後因為結婚生孩子，不想再回到原來的工作崗位，於是跳槽。

記得剛入職時，他曾私下對我說，其實他最想應聘的是生產部經理。可是，以他目前的學歷和資歷，根本不可能。所以他打算先做一名辦公室文書，等待機會。

「生產經理和辦公室文書之間的差別可是很大的？你不怕耽誤了，沒有機會嗎？」

「事在人為，公司不是有晉升制度嗎？我也不是一步到位，下一步是進生產部門，這樣不就離我的目標更近了。」

果然，第一年由於生產系統人事變動，公司開展內部職務調整，他如願進入生產部。

當我恭喜他達成心願時，他信心滿滿地告訴我：「哪裡，這才只是一小步，你知道我的終極目標是生產部經理。不過在此之前，我的下一步目標就是主管。等我把生產系統的情況全盤掌握了，就可以達成我的終極目標了。」

就這樣，我們一起共事七年。從入職到如今，我還是一名基層的技術人員，而他早已達成夙願，成爲雷厲風行的生產部經理，主掌生產全面的工作了。

在職場中，這樣的職業訴求還有很多，但是眞正能夠落實到位並超出預想的職員鳳毛麟角。大多數人還只停留在抱怨階段，只有一小部分知道未來想要成爲一個什麼樣的人，了解到自己的缺點，願意透過學習去提升自己。大部分人苦於沒有眞正了解自己內心的訴求，只能盲目地東做西做。看到別人都在學ＰＰＴ、考執照，自己明明沒有這方面需求，卻也跟著湊熱鬧。知識是學了不少，但都是碎片化的，不成系統，根本無濟於事。

一場沒有目的的旅行，就像緣木求魚，不得要領。而高效率的時間管理，就是對於自我的管理。要想達成自己所想要的生活，具體該怎麼做呢？

首先，要結合實際，明白自己未來想要什麼樣的生活，根據自己的心理訴求和意願，樹立明確的目標。

其次，積極主動地搜集資料，全面地了解達到目標所要具備的能力和知識。

最後，將具體的目標逐級分化，細化到日常的每一個時間安排，明確到下一步應該做什麼，不做什麼，摒棄干擾，集中時間才能達成所願。

高效率的人，都知道自己想要什麼，並爲之努力奮鬥。而大多數處於迷茫的職場人，很多時候不知道自己想要什麼，就更別提會為了一個目標為之奮鬥了。

有了目標，才知道往哪個方向努力。創業前要想清楚兩個問題。第一，你想做什麼，不是父母要你做什麼，不是同事要你做什麼，也不是因為別人在做什麼，而是你自己到底要做什麼。第二，要想清楚你需要做什麼，而不是我能做什麼。

我有一位學員，他因為家庭和成長的經歷，長期處於自卑的狀態。出身於普通家庭，就讀一般的專科，在不知名的公司，做著基本的財務工作。

在他入學時的學籍表裡，因為從小到大都沒有什麼值得誇獎的事情，所以他一樣也沒有寫。

我給了他幾個可行的方法，這是著名的社會心理學家馬斯洛說的：「全心全意地獻身事業，去做自己想做的事，把它做好。即使最終沒有一直堅持，也不重要，重要的是聽從自己內心，全力把一件事做得更好。從中感受到自己能力的提升，自我的成長。

對自己眞誠、不自欺、不欺人、不裝模作樣，將內心的想法和自己的行動結合。想去做就去嘗試，不想做就暫停，聽從自己內心的聲音。

從小事做起，如果你感到迷茫和無助，只要從小處做起，一點點嘗試做自己，最終會走向創造性的人生之路。相反，如果每次都委屈自己，強迫自己，那你就會在自責和恐懼的路上越走越遠，越走越累。」

馬斯洛講的意思簡單來說就是：「堅決去做自己眞正想做的事情，聽從自己的內心，哪怕最終失敗也不重要，從小事開始，找到爲自己的人生創造的動力。」

所以，不管你身處職場還是自主創業，沒有目標的航行最可怕，因爲你不知道明天會是什麼樣子。你對未來的規畫越具體，具體到做什麼樣的職位、在什麼樣的辦公室辦公、有什麼樣的工作安排，那麼距離你的目標就越清晰，才能在有限的時間裡將時間效用最大化，做更多有意義的事，儘早在職場中脫穎而出。

5 別拖延，「做完」比「做好」更重要

公司突然接到了一個大案子，任務重、時間緊，上司火速安排，第一時間把任務分派下去。可是下班之前，俐落的同事很快就能交作業了，而那些做事拖拉的人，仍然還在苦苦加班。

問及原因，他還頗爲苦惱：「好多東西我不敢確定，總覺得方案不完美，這些東西都需要上司確認。我現在還在查資料，不知道有沒有這種先例，所以，進度比較慢也是理所當然的。」

這位同事的勤懇踏實以及業務能力有目共睹，不怕苦、不怕累，有過擔任重大專案的經驗和資歷，但最大的毛病就是做事拖拖拉拉。倒不是他能力不行，而是膽子小，不敢做決定。所以別人一天能做完的事，到他手裡往往都要拖上兩三天，直到上司實在催促得不行的時候，他才會匆匆選取一個方案上交。曾經因爲他這種情況耽誤專案進度，主任找他談過話，要他做事不要總是怕出錯，適當把

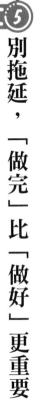

步子放大一點，更有利於自己成長，也能更適應公司的節奏。然而似乎並沒有達到顯著效果，大家忙完手頭工作時，只有他的仍然堆積如山。到最後，爲了不影響專案整體進度，大家不得不幫他分擔，一起加班。

做事拖拉的人，無外乎有這樣幾類：一類做事畏首畏尾，害怕被人嘲笑，對自己沒有信心；一類是爲了對抗工作壓力，養成長期辦事拖拖拉拉；另一類出於畏難心理，且沒有相關知識背景。當然，還有另外一種人，他有能力，也不自卑，但想得多做得少，常常嘴上說得天花亂墜，卻從未付諸行動。

同事遇到的工作瓶頸，還是「完美主義」從中作祟。他們的時間，常常就在猶豫之中流逝了。

徐小姐的工作內容是婚紗照的修圖，從業多年，擁有很豐富的經驗。工作中也很擅於發現問題並解決問題，而且她爲人熱心，願意幫助新人，在公司裡常能提出不錯的想法和建議。對於自己的未來和職業規畫，她也十分清楚，希望從事健康管理工作。因爲她認爲隨著生活水準的提高，人們對健康和養生會越來越看重，這應當是未來職業發展的前景。她的不少想法非常具有前瞻性，常常聽得人熱血沸騰、激情澎湃。可是，當你問她目前如何時，她卻總是很不好意思地笑：

「爲了實現目標，我報了很多大咖的課，不過卻總是沒時間看。」

「爲什麼？」

「因爲白天工作忙，晚上還要帶孩子，等孩子睡了，趕緊抽空看一眼，可是又因爲太累趴著就睡著了。」

想法太多，卻總是想得多做得少，是很多人的通病。

手頭接到一個新案子，你的各種想法蜂擁而至，睡個覺都文思泉湧，忍不住爲自己精妙絕倫大膽的想法拍案叫絕。然而，等到你眞正動手實施時，才發現這個不實際，那個條件不允許，挑來挑去，竟沒一個能用的。花了那麼長時間，結果一點進度也沒有。最後，不僅延誤了交期，連一個普通像樣的方案也拿不出手。爲什麼會這樣呢？

追本溯源，還是因爲我們不懂得選擇性放棄的道理。我們潛意識中很難接受世界上沒有完美的事實，總覺得自己什麼都想做，什麼都能做好。

此外，我們常常對自我認知不太清晰，總認爲不把一件事做到完美，就拿不出手。其實管理時間的第一步，就是要學會執行。

很多人說起別人的事頭頭是道，但輪到自己做往往會拖延很久，始終無法交卷。有時我們明明具備做好事情的能力，卻因爲自我評估過低，即使能出色完成任務，也將其歸結爲運氣好及別人的助力加持。這樣的心理暗示過多，會讓我們越來越猶豫，效率越來越低。

如果你大事小情都要早請示晚彙報，就會浪費大量時間，最後還不一定有結果。畏畏縮縮不敢下結論的表現就像職場巨嬰，什麼都需要別人拍板，什麼都需要別人引導，什麼都是上司讓我怎麼做我就怎麼做，那麼你就隨時有可能被人取代。

擺脫拖拖拉拉最有效的辦法，就是樹立「做完」比「做好」來得強的理念。

把一件事「做好」和「做完」的差別，就是一個人在時間管理智慧力的差別。在基本能力差不多的情況下，我們與別人競爭的基礎就是時間內執行力的程度。如果執行不到位，想得再好也只是空想，不能產生任何價值，那麼時間就會被你浪費掉。

不要小看這個「完成度」，眞正有效率的人，不就是因爲他們在時間內做完了更多的事情嗎？這個世界並沒有完美的方案，我們先把一件事情做完，再從幾個方案中選取相對完美的那一個。只有這樣，才能把事情往前推進一步，最終完成任務。

如何能幫助我們做一件事情先完成再完美？我經常用敏捷行動法，這個方法包括兩個要點：「最小可交付」和「持續反覆運算」。當你面對一項任務的時候，「最小可交付」就像你需要練習廚藝，先動手做出第一道菜，不要期待這道菜能有多美味，滿足能夠吃的條件就好。然後透過家人朋友的回饋，再「持續反覆運算」，也就是不斷地學習練出自己的拿手菜。

當我們眞正理解這一點，人生才可能發生質的變化，我們對時間的掌控感才會有全新的認知。

第三章

有所為有所不為，只做重要的事

精心挑選有價值的事情，有時候追求少反而更好。

1 我們的選擇，造就了我們的人生

前不久休長假我回了趟家，母親見我難得回家一次準備下廚，就開了半小時車到隔壁鎮上的超市買菜，說是比較省錢。對於這種行爲，我母親卻不覺得有什麼奇怪，她認爲這是他們這輩人勤儉節約的表現。

我告訴她：「表面看是節約，其實算上油費和消耗的時間，這更浪費錢。」母親愣了一下，在心中計算了一番，發現確實如此。

買菜只是一件小事，除卻背後經濟方面的考慮，我們還可以看出：每個人的時間分配情況，和他的人生重點有關。

母親那輩人有很深的饑餓記憶，因此，他們所有的思路都圍繞著「省錢」這個重點。只不過，他們沒有綜合評估這一行爲的整體支出成本，所以只能看見眼前的消費，不能看到背後的浪費。

從這件事中，我明白了一個道理——我們的選擇，造就了我們的人生。人生的重點是什麼，我們就會在上面花費多少時間。

因此，釐清什麼是我們人生的重點，才是我們做決策的關鍵，要想有效管理好自己的時間，首先，就是要找到人生的重點。

在這個快節奏的時代，無謂的消耗是極不划算的。為省兩塊錢排隊半小時，為省兩塊錢步行三站等行為是不可取的。

很多時候，我們對待時間要像經營一家企業一樣，心中要有「成本和價值」的觀念，要注重時間的價值成本，在同等時間裡產生的價值最大化。

我們要在幾個不易區分好壞的選項之間，快速做出最佳選擇。這個選擇，就是我們當下的重點。

就像母親，她的時間花在買菜上，人生重點就是在生活上精打細算。只是，她的選擇不是最優的決策。

因此我們如果要省時，需要一套科學有效的決策方法，更有效率，也能有效減少顧此失彼的時間。其次，在找到屬於自己的人生重點後，需要集中精力去鑽研，形成自己的專業領域。

我喜歡的一位學者曾經說過，越專業的研究者，其擅長的領域越明確。在領域之內熟悉，在領域之外一般很少發言。即使發言，也是試探性的，商量性的。

沒有重點、泛泛而學，很難獲得成就。爲什麼呢？因爲一個人的精力是有限的。聲稱自己涉及很多領域的人，自己本身就是個門外漢。就像創業也是，如果你預備自己創業，就應該審時度勢，選擇一個好的行業、一種商業模式，分析把握機會，讓機遇與自己的核心能力、關鍵資源、價值觀相匹配，然後專注打造公司的核心產品。

如果你預備進入職場，要注重比較行業、比較公司平臺、選好職業，並且使這些選擇與自己的專業、特質、潛能以及價值觀相契合，立足於整個行業的未來趨勢，制定自己的學習計畫與未來規畫。

如果你是一個學生，就要找到你最擅長的科目，花時間去鑽研、領悟。當你把握了這個科目的規律，可以再將同樣的學習方法套用到其他科目上。

所以，要想眞正有效形成自己的專業領域，集中精力、找對方向才是最省時省力的辦法。

我們的選擇成就我們擁有什麼樣的人生，當你找到人生的重點後，並在自己的領域形成專業，那麼你就是最接近成功的人，也是最會管理時間的人。

學會拒絕，別在無謂的事上浪費時間

我身邊曾發生過一件這樣的事情：某投資人在第一次投資被騙後，把所有的時間精力都花在與對方糾纏上。因爲對方騙了他，所以他「必須討回一個公道」。此後的十年，他不但荒廢了原來很好的工作，而且還放棄了自我提升的機會。

實際上，相較於他投資損失的那點錢，他耗費的十年時間，才是最值得可惜的。明明可以過得去，他卻在其中反覆地糾纏，最後付出了更大的代價，浪費了最寶貴的幾年時間。

類似的事情還有很多，最可笑的就是有人因爲一塊錢爭吵，繼而大打出手，最後鬧出人命。

爲什麼我們會在這些事情上浪費時間呢？心理學認爲，我們的大腦常常是單核心CPU的狀態，簡而言之，每個人的注意力其實都很有限，很容易因爲一兩件事就占據你所有的注意力。

在一定時間段內，如果你把大部分精力放在一件事情上，自然會因此忽略其他事情。如果你和這些不相干的事情反覆糾纏，最終浪費的還是自己的生命。

在無謂的事上浪費時間，是最消耗心智的一件事。

生活中，每個人都難免遇到一些令人不快的事情。譬如你在社群網路貼了一張照片，可能有人評論：「美顏的照片也好意思貼出來，本人不知道醜成什麼樣。」其實，遇到這樣的事情，最好的辦法就是不要在乎它，你越在這件事上浪費時間，就越會陷在裡面。

所以，我們要學會拒絕，避免在無謂的事上消耗精力，浪費時間。

記得某部很棒的電影上映時，很多人還沒看，就盲目地爲影片打了一顆星。片商的回應卻非常得體：「把事情做好是我們唯一的目的。的確，評價一件事是最簡單的，眞正難的是如何把事情做出來。」

嘲笑本身沒有多少能量，這種聲音也堅持不了太久。破壞一個東西遠比創造一個東西要容易得多，但是，這個世界眞正被人記住和獎賞的，始終是創造。

其實，當一個人費心費力地做出成果，卻被這樣肆意糟蹋時，很可能會怒不可遏。但是，電影片商選擇了視而不見，因爲他們是眞正做事的人，他們的時間會用在學習、籌備、做事上，而不會把時間花在和惡意批評的人糾纏。

當你在肆意評價別人的勞動成果、扮演一個消費者角色的時候，別人還在繼續創造，人與人之間的差距，就是這樣拉開的。

又如我朋友在網路上發表文章，有人告訴他，網上有人罵他，說他寫的東西很垃圾，根本不配給他這種優秀的讀者看。

朋友並沒有理會，他堅持把一本書寫完了。後來，他又寫了第二本、第三本、第四本。幾年後朋友成了暢銷書作家，而當初罵他的那個人，早就消失不見了。

他不僅自己看得開，還善於勸導別人。一次，當新作者問他有人在網上詆毀自己該如何處理時，他說把時間花在你認爲值得的部分上，至於其他的東西，不需要太理會。

就像很多人總喜歡爭論趙雲和關羽到底誰更厲害一樣，即使爭贏了，又能有什麼意義呢？誰更厲害，根本就不是閱讀這本書的重點。

人生也是如此，活出自我價値的人，都是有大格局的人。他們往往把時間用在自我突破上，從不會多費口舌浪費在無用的事情上。

在規畫自己人生道路時，他們懂得如何「抓住重點」，而不是在細枝末節的無聊事上反覆糾纏，荒廢自己的人生。

我很欣賞的一位編劇的話，他說最重要的事情是「寫」，而不是先想著從別人那裡賺多少錢。一次受騙不算什麼，因爲他的核心價值是能寫出優秀的作品，而不是打算一本書吃一輩子。

他剛入行時，吃了很多虧，白寫了許多大綱、劇集。但隨著他作品越來越多，核心價值越來越明顯，來找他的人也越來越多了。現在，即使他不去強調，對方也會預付一些錢給他。他說自己之所以能有今天的成績，是因爲他明白自己的核心價值在哪裡，知道把時間分配在上面。如果他一開始就和某個不講誠信的人糾纏不休，那才是眞正的本末倒置，在無謂的事情上浪費了有限的時間。

有句俗語：「將軍趕路，不追小兔。」每個行業都有不公平的現象，但是隨著自己實力的提升，這樣的現象也會越來越少。

沒必要在這樣的事情上糾纏，更不必爲此損害自己對某個行業的熱情。一個人的格局越大，他的時間利用率就會越高，因爲他會把所有的精力都放在那些有價值的事情上。

每個人的精力都是有限的。一個要達成高遠目標的人，需要有大格局，不必把精力浪費在無聊事上。

如何保護自己有限的精力呢？我有一個有趣的方法，叫做「扔猴子法」。什麼意思呢？一個一個的任務，就好比不斷扔到你背上的猴子。聰明的工作者，之所以可以完成更多的事情，不會被累垮，祕密就在於，他總是能夠在接到一隻新猴子的時候，把背上的另一隻猴子扔出去。他的背上，始終只有一隻猴子，否則早就被壓垮了。

不管是在生活還是工作中，當我們遇到那些令我們不舒服的人和事時，不要為此浪費時間。這時候，我們可以告訴自己：抬起頭，我們的目標更遠大！

3 用框架思維，提升執行和達成目標之間的效率

有個新人剛來公司實習時，每次只要專案組長交給他一項工作，他都要向別人求助。

過了一段時間，大家對他都開始有些不耐煩。每次告訴他這些知識，事到臨頭他卻又忘了，或者只記得某個片段，工作還是進行不下去。無奈之下，組長只好親自上陣教他，這裡應該這樣做，那裡應該那樣處理。

在組長的幫助下，他似乎知道了工作步驟，可是好景不長，下次換一個新案子時，他又不知道該怎麼辦了。爲了徹底解決他的問題，公司請了一位經驗豐富的老上司來帶他。

大家驚奇地發現，自從換成這位老上司帶他之後，他似乎一下子就開竅了，對工作的掌控能力飛速進步，拿到的一些新案子也開始做得有模有樣。

部門眾人好奇地向老上司追問，到底什麼訣竅能在這麼短的時間內讓新人進

步如此神速，老上司神祕地笑笑說：「其實很簡單，因爲你們告訴他的都是知識，我教給他的是思考問題的方式。」聽他這樣說，衆人才恍然大悟。

老上司說因爲他已經有一些實踐經歷，但這些知識只是資訊，堆在大腦之中消化不了。他告訴他思考問題的方式，釐清了他工作的邏輯框架後，自然就能事半功倍。

其實，這件事充分說明了一個學習思路：高效率省時的學習，關鍵是先釐清學習框架，然後在框架的基礎上吸取知識。

就像我們的工作會分工種、分專業、分部門一樣，一個好的公司，是組織框架齊全，各部門成員都按部就班運轉的公司。而整合公司框架的人，才是公司眞正的管理者。

一個曾從事電影工作的朋友告訴我，通常衆人在拍一部片時，並不知道這部片是否是爛片，但每部片大家都是很努力、很認眞的。

我問他那爲什麼還會有爛片出現呢？他說因爲製作的時候他們只在細節上努力，忽略了整體思路上的組合與取捨。我很認同他說的，這些瑣碎的細節就像知識，而整體思路就像是思維框架。

如今，我們接觸到的資訊越來越豐富，人們擁有越來越多的知識，這些知識無法歸置、無法安放才是最大的問題。這也是爲什麼最近幾年「知識焦慮」頻頻被提及，因爲我們學習的始終是知識，而不是思考問題的方式。

生也有涯，知也無涯，所以我們才會對知識過剩感到焦慮。因此，你會看到很多年輕人在手機裡下載了各種各樣的ＡＰＰ，疲於奔命地去參加各種講座，但是最後卻發現，除了越來越焦慮，似乎對生活也沒有多少實質性的改變。

甚至有教授說，自己也常會有點焦慮。這個世界變化太快了，每天都有層出不窮的新資訊。在這樣的時代更迭面前，我們的時間似乎永遠都不夠用，永遠都處在一種焦慮、忙亂之中。

其實，我們眞的需要這麼多資訊和知識嗎？答案當然是否定的。我們只需要堅持把一件事做好，這一生就是成功的。

現代人的資訊並不是太少，而是太多。現代人的問題不是該不該學習的問題，而是如何從諸多資訊之中整合出我們需要的關鍵資料。正因爲我們在無謂的資訊上浪費了太多時間，所以才總覺得焦慮。因此，我們應該培養自己整合關鍵資訊的能力。

那些患有「知識焦慮症」，總覺得時間不夠用的人，是因爲在無謂的資訊上糾纏太久、未能形成自己的思維框架，所以導致自己浪費了太多時間。

網站中有人提出了具代表性的問題——爲什麼我每天學習，生活卻沒有多少改變？

我看了他對自己狀態的描述後發現，他想要達成的目標太多，似乎每一方面都在涉足，又在每一方面淺嘗輒止。他了解了很多碎片知識和資訊，卻完全沒有整合資訊的能力，也不知該如何鞏固使用這些知識。所以，做起事情來他依然什麼都不會。

說到底，眞正高效率利用時間，不是比誰更能重複知識，而是比誰更能透過現象看清本質。這個抓取本質的過程，就是思維能力和框架構建能力的表現。職場、學習、創業，無不如此。對一個行業整體思路的掌控，對資訊的整合與穿透能力才是省時省力的歸因。

賈伯斯在重回蘋果之前，他創造的皮克斯動畫也一樣很成功。因爲他學習的不是某件事的具體操作方法，而是思考如何整合資源、鍛鍊自己的商業思維，把一件事做得更好。他把握的是這個世界的本質，所以他的思考方式不僅讓蘋果公司成功了，也讓皮克斯在動畫領域一樣成功。從他的事例裡我們不難看出，相比知識和技能，鍛鍊自己的思維能力，才是CP值最高的一件事。

相較於學習知識，一個眞正懂得時間珍貴的人，更應該學會鍛鍊運用自己的框架思維，它是從執行到達成目標之間提高效率的關鍵，只有如此，才能最快了解學習的本質。

除了框架思維，在時間管理上我們還要學會「強制決定截止時間」。例如不管還有多少工作，晚上八點我們一定要準時下班。放著做了一半的工作就下班，內心肯定會感到不安，但是我們必須得忍住，堅持準時下班，這樣才能認眞思考「如何在有限的時間內完成工作」。

其實人們理智上能夠理解提高效率的好處，卻很難改變做事的方法。有時認爲多工作幾個小時比改變工作方法要更輕鬆。以塞車爲例，來解釋限制時間帶來的好處。想像一下，假如我們開車到郊區遊玩，回程時卻因爲高速公路塞車而被堵得不能動彈。「用心工作早點回家」這樣的工作態度，就像我們塞車時爲了早幾分鐘到家，利用導航與地圖，想盡辦法找到一條脫困的路；而沿著高速公路，跟著塞車走走停停就像是加班，這樣比我們調查、思考、想盡辦法找出脫困的路要輕鬆，但花費的時間卻比較多。當我們的目的不再只是「能回家就好」，而是「必須要在幾個小時內回家」，就不得不想辦法找出一條脫困之路。也就是說，有了這樣的限制之後，人才會開始準備做出有用的努力。

4 成為自己想要的樣子，需要刻意練習

朋友在某知名的大公司上班，幾乎天天喊累。每次見面時，他都會發出同樣的感慨：「同事們都太強了，眞不知道他們是如何做到這麼自律的。」

他的意思就是——你感覺他們生活中的每一件事都並行不悖，安排得極有條理，就算遇到了什麼困難，他們也能很快找到解決方案。眞是人比人，氣死人。

他的話讓我想起一位成功人士。他接觸過許多優秀的人，那些人雖然有著不同的國籍，使用著不同的語言，但是接觸久了就會發現，這些被稱爲「菁英」的人士，身上很多氣質都異曲同工。

哪怕他們之前學習的領域、受到的教育千差萬別，但是在他們背後，似乎有一種看不見的魔力，將他們的氣質指往同一個方向。無一例外，他們都是目標感很強，懂得如何規畫自己人生、分配自己時間，並且堅定地知道自己要什麼的人。

而現實社會當中，大部分人都是什麼樣的呢？在假日裡，大部分人都是這樣度過的：好不容易醒了，卻賴床老半天。滑手機、看影片，穿衣服起床時就已經九點了。等一切都收拾妥當，已經到吃午飯的時間。吃完午飯又有點想睡去睡個午覺，起來接著上網一直到半夜，最後撐不住了睡著。第二天因爲焦慮，就在心裡暗暗發誓：「明天開始，我一定要好好努力。」

其實，不必爲此感到難受，這是大多數人的本能。爲什麼大多數人做不到像菁英人士那樣自律，是因爲你還不具備成爲「菁英」的條件。

有一種有趣的說法：「考試的本質不是測試你的知識，而是測試你的能力。」考試最大的好處是，它可以透過這種模式，有效率地篩選出「菁英」，像是勤奮的人、時間利用率高的人、善於學習的人。

你看到的那些能力超群的學霸和菁英們，其實只是比我們更有「時間利用率思維」而已。這並不是多麼高深的科學，透過一定程度的訓練，我們也能掌握這樣的能力。

《音樂心理學》雜誌曾刊登過一個實驗：某音樂組織遴選出二十四名二至六歲的兒童，對他們進行刻意訓練，培養他們的「絕對高音」，很多孩子經過一年或者一年半就達到了「絕對高音」。稍微有點音樂常識的人都知道，擁有「絕對高音」的人是極少數，他們一般都被稱爲天才，被認爲是擁有天賦異稟的人。這個令人驚訝的實驗結果，是二十四名孩子都具備了「絕對高音」的能力，這個實驗證明了普通孩子刻意訓練也能成爲高手。

其實，菁英人士有條不紊的生活方式並不是突然獲得的，就像具備「絕對高音」的普通孩子，他們都需要刻意練習。

該如何像菁英人士那樣有條不紊地管理時間，進行刻意練習呢？首先，要把那些可做可不做的事情，慢慢變成必須要做的事情。我們不必一口氣達成，但一定要有自我約束的意識。

其次，我們要把每天必須要做的事情慢慢變成自己的生活習慣。堅持每天都做一次，直到我們適應這種生活模式爲止。

最後，當我們對某件事情越來越熟的時候，我們可以嘗試學習一樣新東西。在刻意練習的過程中，不僅僅靠意志力，更依賴好的方法。我們要對自己手上的事情進行科學的分析和計畫，然後不停地嘗試和選擇，直到我們找到最好的方法。堅持三五年之後，你會發現，自己已經把很多人都拋在身後了。

關於堅持，最好用的莫過於「最小可持續原則」，它是持續按照一種方式，一以貫之地堅持。比如像我一樣用日程表規畫工作，用筆記保存工作紀錄，這樣堅持一兩年，累積的優勢是很驚人的。

世上很多人都在羨慕別人的成就，但羨慕後就沒有了下文。他們並沒有想到，世界上大多數人都是普通人，之所以能脫穎而出，就是因爲他們有超人的耐心和毅力，肯花時間訓練、學習、累積，所以最終能修成正果，成就了自己非凡的人生。

5 你有多專業，就有多省時

我有一位朋友是資深的職業諮詢師，他的妹妹剛進公司時，每天回到家都在抱怨：「我眞的不想上班，薪水實在太低了，你說我要不要辭職？」朋友問妹妹：「還記得上次離職的理由嗎？妳覺得上家公司太嚴格了，不能在上班的時候稍微喘口氣，所以離職。」

其實，如果想在職場上晉升或加薪，最好的方法並不是不斷地換新工作。社會上同類型的工作，薪資差別不會太大。除非你的能力有重大突破，否則換工作還要從頭開始奮鬥，這樣更浪費時間。

在職場上，我們的任務是解決問題，不斷優化升級自己的能力，如果不能明確這一點，換多少工作也是枉然。

我想起一個前同事，他從不和辦公室裡和其他人閒聊，也不把時間浪費在經營人際關係上，所以他有很多時間看書。每次我到他辦公室時，總會聽見其他人談天說地，只有他一個人默默埋頭，不是在查閱資料，就是在研究自己的案子。公司旅遊、聚餐等活動，除非必要，他也不主動參與，因爲這種特質，我剛進公司時就聽到很多關於他的議論，像是「這個人不怎麼合群，也不太好相處，有什麼事盡量不要麻煩他」等。

半年後，公司派幾個同事去談一個大案子，其中就有他。在和客戶交談的過程中，雖然對方公司的幾個採購負責人全程都很禮貌客氣，但對我們公司的報價一直不置可否，不管經理怎麼討好賠笑，他們就是不鬆口。

等到展示、介紹產品時，採購公司問了許多機械技術細節的專業問題，和他一起去的同事，要麼答不上來，要麼支支吾吾。國內技術他們都沒有全面了解，更何況對方提及的東西，還涉及國外引進技術的部分細節。

只有他對這些問題瞭若指掌，對國內同類型產品發展狀況明瞭清晰，還把國外的同步技術也解釋得極爲詳盡。最後他告訴客戶，針對不同產品他們還有不同的管理方案，這些管理和調試方法，他都非常熟悉。

客戶對他感到滿意，公司依靠他一個人的力量拿下了那個案子。後來他升職加薪，成爲部門的主管。

在一次談話中，我提到了他的「光榮事蹟」，他告訴我：「職場上唯一的評價標準就是你能不能把事辦好。如果能維持關係又有業務能力當然最好，但是如果只能選一樣，我一定會優先選擇業務能力。」聽到這些話時，我在心中默默為他按了個讚。

每當有人誇獎另一個人厲害，好像什麼都會的時候，我都會在心裡打上一個問號。我認為，一個人的專業最多也就兩三樣，超過這個數字就很值得質疑了。我倒不是覺得他們學不會，而是認為涉獵的領域太多，他的專業性就不會太強。

自古以來，真正形成學科的專業領域，需要探索的東西都非常多，有時甚至窮盡一生也很難研究透徹。

這一點在我的上司身上得到了很好的驗證。他曾經對人事部說：「不要招聘那些什麼都會的，盡量招聘某一方面的專才，讓他們能配合、互補。」

很多人在職場上手忙腳亂，不就是因為他們的注意力放錯了方向，時間分配放錯了重點嗎？他們過分放大了人際關係的時間，忽略了提升專業技能的時間。

做好人際關係本身沒有錯，但它並非縮短職場晉級路線的關鍵因素。

在我經歷過的幾個公司裡，每次公司要裁員時，首先出局的就是那些沒什麼辦事能力的好好先生。而眞正的強者，老闆會傾力挽留；眞正的技術高手，還會被老闆呵護著。

一個深度了解職場規則的人，應該把時間放在提升自己專業技能上。只有這樣，他才會從努力之中受益，才能獲得對生活的掌控感，得到他應有的回饋。

其實，覺得自己「沒有白活」眞正的關鍵點，在於我們所花費的時間是否帶來了眞正的提升效果。例如我們投入了時間去學習，獲得了專業能力的提升。又如，我投入時間去思考，獲得了處理複雜事物的能力。

一個人在工作上的價值感，來源於他的核心競爭力，這樣才能保證他的工作效率和工作完成度。如何培養自己的核心競爭力，就需要提高自己的專業度。

在職場上，我們有多專業就有多省時，把時間多用在專業能力的地方，才是我們能否最終獲得晉升的關鍵因素。

之所以手忙腳亂，之所以痛苦，皆因很多人像朋友妹妹一樣，把時間、精力放在很多無用功上。

你的環境，決定了你的成就

朋友的小孩放暑假時，來我家玩耍。小孩拿著我的手機玩遊戲。遊戲是分局賽制，有高中低三個難度。他一開始玩進階關，過關了之後才能到中級。

晚上吃飯的時候，他還在初級模式。我接過手機一看，他選擇的是 hard 模式，難怪總是剛開始就 Game Over 了。

因爲總是 Game Over，他遊戲打得也沒有信心。我幫他切換到了 easy 模式，這一次就很順利就通關了。我問他：「要不然再切換到初級的 hard 模式試試？」他點點頭，埋頭鑽研著 hard 模式。

晚飯後，他告訴我初級的 hard 模式順利通關了。我問他用了什麼方法，他說從前一級的難度中找到手感，同時爭取每一次都比前一次多一兩分。

這件事讓我覺得很有意思——第一，我們也可以把人生看成一場遊戲，聰明的人會找方法，讓自己能夠快速通關。第二，如果把奮鬥的歷程看成是一場通關遊戲，你學會了在更高的層級上奔跑，處理低階的事情時會事半功倍。

將這個領悟推及現實，我想起了朋友他在上一個公司的經歷。

一開始公司氛圍非常好，老東家願意相信他們，也願意激勵他們。專案團隊裡都是一群充滿激情的年輕人，厲害的人很多，用他的話來說就是——每天都能學到新東西。

同事都非常認眞，同組的每個人都帶著對知識的渴望和對未來的暢想忙得不知疲倦。遇到技術難關時，大家常常圍在一起討論，產品研發上有什麼新的創意也會聚在一起交流。

爲了不落後於人，保持跟大家同等的水準，他每天下班都會繼續充電，例如看專業書、上網站看相關產品的最新研發技術、了解同類型產品等。

可惜好景不長，公司空降了一名主管後，開始實施各項規定，破壞了和諧融洽的交流氛圍，幾位技術能力強的同事，因爲受不了這種壓抑的氣氛紛紛離職。

雖然從公司的角度，他可以理解高層的決定，但工作確實沒有了激情和動力，最後他很快地提出辭呈。他的理由是，最高效的學習法包括了環境激勵法，正當奮鬥的年齡，他寧可在高手中墊底，也不想和一群混日子的人共事。

他的經歷告訴我們：你在什麼樣的「環境」決定了你的認知，更決定了你的成就。低層級看到的都是雞毛蒜皮的事，高層級能讓你高效學習、持續成長。

曾有個實驗，把一個人放在正在運轉的跑步機上，再懶的人也不得不向前跑；把一個人放在 hard 的模式裡，只要他嘗試去適應這種遊戲模式，之後在 easy 的環境裡將會駕輕就熟。

我同學曾在畢業後的聚會中感慨，好懷念大學宿舍，因爲大學宿舍裡都是學霸，和他們一起自習，我不用太刻意，就會開啓嚴以律己模式，可是在現在的工作環境裡到處都是懶散的人，自己也不知不覺被環境同化，導致現在考什麼都覺得難得要命！

其實，把自己主動置身於需要不停努力才能跟得上整體節奏的環境裡，是爲自己的人生被動加速。我們最終能把自己造就成什麼模樣，和我們選擇什麼樣的環境有很大關係。

時間並不能被管理，我們能管理的是自己的意志力。在一個擁有助力和正面暗示的環境裡，我們調遣意志力的難度要小得多，對於技能的加速也快得多。

就像我們努力通關越來越多的 hard 模式後，再切換到 easy 模式會勢如破竹一樣。同理，在人生中要想加速進程，進入更高的層次，我們也應該這麼做。

首先，要學會爲自己營造一個 **hard** 模式的環境。然後，在這個環境中保持不掉隊，潛移默化中，我們就會養成良好的工作習慣。

不要害怕自己做不到，再懶惰的人也有想上進的時候。在養成優秀習慣的過程中，環境的助力非常重要。常言道，近朱者赤，近墨者黑，高層級環境能夠成就一個人，低層級環境會毀了一個人。

試想，如果你周圍的人每天聊的話題都是「晚上去哪聚餐」「最近有什麼新電視劇」，你能從中得到什麼有用的資訊呢？

反之，如果你處在每天都在探討新思路並能高效率執行的公司，那麼你即使不夠努力，也會自然而然學到很多有用的東西。

網路上曾有一個熱門話題：「我四十歲了，除了在高速路上收費，什麼都不會。」其實在高速路上收費曾經也是很多人眼中一份安定清閒的工作，這份工作不需要思考和參與競爭，只是這種安逸在變化的衝擊下被打破了。

曾經看起來事少清閒的工作，現在變成了浪費學習時間、荒廢人生的閒職。要知道，我們安逸時，還有無數的人在奮鬥著。這個世界不會因爲我們想要安逸就停止變化。當我們既不想奮鬥又想改變的時候，就會對時間流逝、一事無成感到極大的焦慮。

眞正擺脫這種焦慮的方式，是跟上世界變化的節奏，甚至具備「超前意識」。這相當於把自己置放在 hard 模式下面對世界，如果我們能在不停激發自己潛能的工作環境下加速奔跑，我們的血液就會保持鮮活，思想會和這個變化的世界共振，眼界也會一直處於潮流前端。

不擔心被這個變化的世界拋棄，才能在前行的路上步履從容。一直處於安逸穩定的環境，會消磨我們主動學習的能力，耗費掉我們本該去奮鬥的大好青春年華，等我們垂垂老矣時，再怎麼想學習也已經來不及了。

在高層的環境裡，向優秀的人學習，潛移默化中你也能夠成爲他們一樣的人。不要在低層的環境裡，耗費自己的生命，成爲一個碌碌無爲的人。如果你正在低層裡徘徊，那麼請及時跳出，向高層躍進。當多年後再回顧我們的歷程時，你會發現，不知不覺中我們已經超越了很多人。

第四章

抵擋短期利益的誘惑

一個人只有不斷地打破舒適圈，才能見到突破和卓越，從而帶來持久的幸福。

1 專業，就是不斷地打破舒適圈

朋友聽說他的同學擔任電視劇編劇年收入百萬元，十分羨慕，想到自己當年學的也是同專業，不由得想重操舊業。

沒想到他想當編劇的夢想，卻屢次被影視公司拒於門外而破滅，別說年入百萬元，月入千元都難。

朋友很疑惑，都是同一個專業裡出來的，在學校時也沒覺得對方怎樣，爲什麼畢業之後差距這麼大呢？他說自己非常喜歡文字工作，因爲時間自由。做自己想做的事，寫自己想寫的文，每天光想一想就會從夢裡笑醒。

他詢問同學，同學說自己在這行業裡待了十年，才有今天這個結果。想要一入行就縮短自己和別人十年的差距，這可能嗎？朋友想了想，覺得對方言之有理，最終他仍然沒有勇氣跳出舒適圈，只能放棄，隔著螢幕空嗟歎。

我的另一位好友說，自己回鄉過年時，碰到了高中時的好哥們。

剛創業時，好哥們拿著不被看好的環保專案找他合夥，那時隸屬國營科研所的他，工作穩定、前景大好，於是就拒絕了，還好心地建議對方放棄。因爲那個案子是國外多家公司都曾嘗試過的，總以爛尾結束的工程，根本不值得投資。

但如今，當年那位好哥們不但做起來了，公司還成功上市，成爲當地有名的明星企業。這位哥們意氣風發，而他自己卻因爲單位改制，不得不另謀出路。

提起別人的職業，很多人都羨慕不已，看起來，他們的工作格外體面，高回報、低投入。是什麼成就了他們的事業？正是不斷打破自己的舒適圈，才成就了他們令人稱羨的職業。

年收入百萬的編劇如此，坐擁上億身價的哥們亦如此。他們沒有一直在舒適圈蹉跎等待，而是選擇一次次地打破舒適圈。編劇在自己行業坐冷板凳沉潛十年；身價上億的哥們，跳出國營企業，開創企業從無到有，從弱到強，一直到上市。他們沒有經歷過這些過程，怎麼會取得現在的成就。

何謂「舒適圈」？「舒適圈」是我們畫地自限，將自己囚禁在我們認爲最舒服的地方，遮蔽了耳目和五感，不願意去嘗試挑戰新鮮事物和新興事業，不願意學習和創新，是適應了環境之後的一種惰性狀態。

可是當初面臨選擇的時候，到底是什麼阻止了前進的步伐而不敢走出「舒適圈」呢？歸根究柢是對未知的恐懼在作祟。邁出「舒適圈」的第一步，首先要克服心理上的恐懼。

當一個未知的選擇和熟悉的環境擺在你面前時，很容易就會搖擺不定，究竟是聽從內心的召喚接受挑戰，還是待在熟悉的環境裡安逸度日，規避失敗的洗禮呢？大多數人選擇在面臨改變時，在潛意識裡產生退縮，感到畏懼。當然，人們對於未知的恐懼由來已久，這種畏懼不會因爲你的恐懼就減少或消失，正所謂不破不立，有捨才有得。

況且，每個人都有自己的舒適圈，我們很想跳出這個區域，可是又很矛盾，也很困惑。儘管知道一直待在舒適圈前途堪憂，但出於對未知的恐懼，我們不得不考慮跳出舒適圈後的成本代價以及所要面對的困難。正是這種對困難的畏懼，使我們寧願待在一個熟悉的地方，選擇每日過著重複的生活，固定且安穩。然而，我們最終選擇的這個舒適圈，卻不斷耗費著我們的時間，令我們束手束腳、怨天尤人。

畏難並不可恥，每個人在選擇一種職業的時候，實際都是在選擇一種生活。

有的人有勇氣打破舒適圈，願意接受更大的挑戰和更多嘗試，而有的人卻因爲對未來的不確定性，不願意放棄手中擁有的一切。所以，他們只能在別人成功後，用一萬種方式後悔自己當初的抉擇，而不是成爲別人眼中的先驅者。

恐懼是成功者眼中最沒用的情緒垃圾。如果在整個事件中，你花費大量的時間在克服恐懼上，那麼不但對正在進行的事件沒有任何助益，反而會導致你的負面情緒堆積，最後在行進速度上拉低你的效率，在完成度上大打折扣。

中國最大英語培訓公司「新東方」的創始人俞敏洪，曾經提到自己離開北大的初衷：「人要進步，最怕待在某種舒適環境。」當年，他在北大當老師，第七年就開始教專業英語了。他本來可以順利成爲一個副教授，再讀個碩士博士，成爲北大的教授。

可是他轉念一想，不對啊，這種一眼就看到底的人生，要多無趣就多無趣，人生不能就這麼一直混吃等死。他覺得人有兩條路可以走：一是往廣處走，二是往深處走，所以他決定從北大的舒適圈裡走出來。爲了做更好的自己，他走出了北大，創立了新東方。

《侶行》是優酷網爲「極限情侶」張昕宇、梁紅製作的一個挑戰自我的眞人秀節目。這對情侶的浪漫經歷是每個人都渴望的，當看到他們駕著飛機跨越五大洲、三大洋，走過二十三個國家和地區，任誰都會對這樣無與倫比的精采經歷而激動不已。

然而，最初他們也只是一對普通夫婦，也爲柴米油鹽奔波過。從開貨車到開機車行，再到賣羊肉串、開冷飲店，幾乎所有能賺錢的工作，他們都試過。經歷過困苦，也經歷過磨難，甚至經歷過從百萬富翁到一無所有的驚天巨變，但最終他們沒有滿足安逸的生活，依然追求做不平凡的自己。

對於他們來說，什麼是舒適圈？似乎沒有。他們只有不停地挑戰自己、挑戰極限、追求卓越和不平凡，才能成就屬於自己的事業。

走出舒適圈，意味著未來要面臨很多的不確定性和未知的困難。勇氣、財富、自由、信心還是更多的可能？我不知道，因爲只有你走出這個圈子才會知道，它們都是屬於你的，與任何人無關。

時間是有限的，而潛能是可以無限激發的。要想成就自己的事業，成爲專業人士，那麼就得一次次地打破自己的舒適圈。

如何不斷打破舒適圈，突破自己呢？我經常用「成長遊戲化」來管理自己，它的核心有兩點，一個是關卡化，另一個是晉級感。

我有一個朋友是英語老師，每年暑假是他一年最忙的時候，要連續不間斷地講十二週的課，工作很辛苦，常常內心感到無比枯燥，容易工作倦怠。

爲了緩解這種不良的情緒，他就自己制定了每週攻破一個主題的蛻變計畫：第一週研究怎麼講好一個故事，第二週研究怎麼樣講好笑話，第三週研究鼓動人心的講法……每攻破一個主題後，他就給自己一個獎勵，吃頓大餐或者別的什麼。就這樣他不僅擺脫了職業倦怠，還讓自己越做越有激情。

沒有永遠的舒適圈，也不存在永遠的安逸。一個人只有不斷地打破舒適圈，才能實現突破和卓越，從而帶來持久的幸福。眞正的強者，他們在年輕的時候，經歷了滄桑，化解了迷茫，學會了堅強，懂得了療傷。他們在哪裡都可以生根發芽，在他們眼裡，舒適圈只是暫時休息的營地，是通往下一個天堂的臨時驛站。

2 意志力的正確使用法則

大二時，我為了考上英語四級，曾經制定過非常嚴格的英語學習計畫。每天六點起床，沿校園湖心公園跑完一圈後就開始晨讀。

按照當時的單字背誦計畫，我一個月就可以背完一本四級的詞彙。然而事實正好相反，長時間的大量背誦讓我經常感到身心疲憊和枯燥乏味。往往第一天背會了，第二天就忘了，等到第七天我就完全沒了印象。所以，我常常背了新的，忘了舊的。

每天不停地記，不停地忘，重新記，再忘。時間一久，我竟對英語提不起任何興致，甚至只看到單字書就覺得好累。

那段時間我很喜歡一位作家，他不僅是青年創業者、作家、培訓師，還要抽時間在各個平臺講課。他是個時間精力管理高手，每天從早上九點一直持續到凌晨一點，中間沒有一點停歇，還經常開直播與粉絲互動。

看到他在網路上分享的工作流程，幾乎每天都安排滿滿的。每週四到五次泰拳訓練，一年三百多場全國巡演，每年閱讀約三百本書籍，經營三家公司，走訪四十四個國家，連續七年每年出一本書等等。

如此高強度的工作和持續不斷的輸出，除了要有充沛的精力，還要有足夠堅定的意志力。然而面對如此高頻率的工作和學習，他難道沒有產生過懈怠和意志力告罄的時候嗎？當然不是，而是他有著對意志力正確的使用法則。

他不是一味地用意志力控制自己，而是始終讓意志力處於一個平衡的狀態。他經常採用見縫插針式的休息和工作，使自己的精力保持一個良好的狀態。

如果研究他的工作日程，細心的你就會發現，他並不是一直都在進行某一項工作，而是有節奏有規律地讓自己的精力保持輸入輸出的平衡，就像是一塊充電的電池一樣，讓精力始終處於平衡的狀態。

我們每天都要學習、工作和生活，這些事情無時無刻不在消耗我們的精力，當消耗到一定程度，支撐我們繼續前行的就只有無比堅強的意志力了。精力告罄，我們還可以透過休息來恢復。然而一旦意志力告罄，支撐我們繼續走下去的動力就隨之解體了。

相信你也會有這種感覺，當大腦持續幾個小時完成同一件事時，就會產生嚴重的倦怠感。這時，你的大腦會給出強烈的信號，非常渴望放鬆一下。但多年意志力的堅持又不允許你隨便放鬆自己，於是腦海裡就展開了一場曠日持久的天人交戰。也許習慣的力量會讓堅持暫時占上風，但長此以往，會讓自己內心產生嚴重的厭煩感，一旦逆反心理產生，讓你對目前的工作喪失興趣，就勢必影響到工作效率。

那麼，這時你該如何選擇呢？其實，這就像駕駛員行駛在一望無際的高速公路上。長時間的直線行駛會讓駕駛員產生視覺疲勞、困倦以及失去對速度的感知。正確的做法是找到休息區，好好休息一下，讓自己的體力和精力快速得到恢復，保證旅途的安全。

同樣的道理，當你的大腦長時間處在高速運轉的狀態時，也會產生智力疲勞和眩暈感。這時如果強行堅持工作，不僅會加劇這種疲憊感，還會降低勞動效率和工作積極性。久而久之，不僅產生反效果，還浪費了大量的人力和勞力。

所以，當工作中出現這種信號，最正確的做法就是停下來休息，等待精力恢復，而不是忙著充值意志力，抵抗自己的工作疲憊感。

凱利．麥高尼格在《輕鬆駕馭意志力》一書中提到，所謂意志力，就是控制自己的注意力、情緒和欲望的能力。

人的意志力究竟有多大呢？它能克服一切困難，不論所經歷的時間多長，付出的代價有多大，無堅不摧的意志力終能幫人達到成功的目的。可一旦喪失意志力，所產生的負面效果也是毀滅性的。

即使你極度壓榨自己，少吃不睡提神做事，但累積下來的睡眠和饑餓債遲早都是要還的。這絕對是一種不可持續的模式，所以保持意志力的持續平衡非常有必要。

很多人將意志力比作肌肉，問題是經常使用意志力是強化肌肉，還是會造成肌肉疲勞呢？這是一個比較有爭議的話題。不少心理學家認爲它是一種有限資源，應該審慎地用在人生中最重要的挑戰上。這種極端壓榨意志力的做法很不科學，而且極傷身體。即使你認爲自己還年輕有資本，但等年齡再大點各種毛病就會找上門，還不如平時注意點，提高效率，早點把事情做好做完，然後安心休息。

所以，當你的意志力告罄，先不要忙著充電，而是要學會休息。適當的休息讓大腦暫緩一下工作強度，然後再開始下一個階段。雖然這樣看起來好像占用了你不少時間，但是因爲大腦得到了有規律的休息，所以你能時刻保持頭腦的清醒，不容易產生倦怠，更利於長時間工作，有效節省你對抗疲憊的時間，讓自己時刻處於精力充沛及意志飽滿的最佳狀態。

3 真正的時間管理是減法，而不是加法

我朋友在職場中遇到的一件事。合作廠商想要一份產品目錄，可是他的同事傳給對方後，對方卻十分不滿。

當他接起電話時，對方火力猛烈地抱怨：「你們做的產品目錄很不清楚，導致我們執行不下去，延誤了工期算你們的責任！」

他一聽，以為是工作出了問題要分攤責任，便說：「目錄都傳過去好幾天，隔了這麼久才說，到底是誰耽誤了進度？該是誰負的責任，推諉也沒用！」由於他當時情緒激動，所以說話的語氣很衝。

結果這批貨沒能趕上出貨時間。後來合作廠商的上司才弄清楚原委，原來是列印產品目錄時，印表機出了問題，字跡不太清楚，再加上生產現場的油汙太多，一些關鍵的尺寸被覆蓋了。工廠的師傅看不清楚很生氣，就找合作廠商理論。可是合作廠商找不到最初傳給他的檔案，其實只是想請他們公司重傳一份。

這個誤會的起因就是把簡單的事情複雜化了。明明很簡單的問題，卻因爲各種誤會，不僅沒能節約時間，反而需要花費更多的時間來消除誤會。

在眞正的時間管理中，最好省時的方法就是不要把簡單的事情複雜化，處理事情要多用減法，少用加法。

快速處理事情的關鍵就在於「就事論事」。

在一個團隊中，如何更加省時有效率的工作呢？首先就是要找到問題的關鍵點，眞正弄清楚自己想要的是什麼。搞清楚這一點之後，放下自己的玻璃心，按照這個方向去努力，會省掉很多不必要的時間。最行之有效的方法，是去掉不必要的環節，有的放矢。

把時間當成一個不可再生的消費資源時，我們對時間會重視得多。

爲什麼有的人一天沒做什麼事，辦事效率很低，還總是覺得累？究其根本，是因爲他們在不必要事情上花的時間太多了。在進行任何一件事時，有很多「內心戲」，在「消弭懷疑」這個環節上消耗了過多的精力。

我曾經和一個朋友去買衣服，本來說好了是買禦寒的羽絨服，但是他比較了很多家，始終沒買。

到底發生了什麼事呢？明明是買羽絨服，但是看到一身不錯的西裝也要試試，試完了他就開始講價。講到老闆心動，他又不買了。最後逛了一天，我們什麼也沒買到。

我們身邊有很多這樣的人，即使只花幾塊錢，他們也要考慮再三。明明不是很貴的東西，三五塊的差價也要貨比三家。這種思維看似選擇變多了，但結果未必最好。

這種思考和比較，會讓人產生大量的心智負擔，消耗注意力，實際價值和意義也不大。

另一種人目標明確，從來都不會有多餘的動作。這會減少瑣事帶來的麻煩，盡量減少CP值不高的時間消耗。不把時間浪費在不必要的瑣事上，會使得他們的思維更加集中、精力更加充沛，可以投入在眞正有意義的事情上。

葛瑞格．麥基昂在《少，但是更好》這本書中說：「精心挑選有價值的事情，有時候追求少，反而更好。」

這本書的核心就是告訴我們，要盡量把時間和精力花在有意義、更重要的事情上，那些非重點的事情做不好，不是什麼大錯。

在工作中我們如何用減法呢？我們需要謹記「轉」「做」「存」「扔」四字訣。每當遇到一件事情，我們要在十秒鐘內做判斷：下一步我該做什麼？所有的情況，都無外乎四個選項：

轉，轉給別人；

做，馬上去做；

存，放入待辦清單；

扔，拒絕或者忽略掉它。

眞正理解這一點的人，是那些學會減少、簡化、淘汰原則，把精力聚焦在絕對重要事情上的人。

職場上常遇到一種人，他們高估了自己的能力，或是眼高手低。工作不符合自己要求的不做，哪怕只差一點，也不願意將就，不願從基層做起。可是工作一旦高出自己的能力偏偏又做不來，常常挑肥撿瘦，做什麼都做不長久。

有位年輕女孩，中學畢業就到餐廳裡當服務生。沒多久因爲經常加班、薪資低，就跟著男朋友到外地去，自己賣賣衣服。後來又嫌工作太辛苦，加上兩人結婚，基本是做三休五，也不願意學新的技能，大半靠丈夫賺錢養她。

前陣子聽說她離婚了，拿著分到的錢，信誓旦旦地說要創業，號稱自己不怕辛苦，開間店賣麻辣燙。朋友提醒他，餐飲業很辛苦，而且妳又不會做飯，沒有餐飲經驗，不如先擺個攤，或者找家餐廳打工，學點經驗。

可是她覺得擺攤販太辛苦，她只想做朝九晚五的工作。朋友只好告訴她，那妳先到大學附近做市調。結果她考察了一圈，回來就說賣麻辣燙太辛苦了，白天沒生意，正式營業從晚上六點開始，一直做到凌晨三點，一天才賺那點錢，一個人做不來，雇人又不划算。

於是，朋友就建議她先工作，邊工作累積經驗，再尋找創業機會。可是她嫌商場工作時間太晚，賣房子又沒有底薪，電話銷售太難做。但是依她的學歷，朝九晚五的辦公室工作做不了，而她又不願從基層做起，就這樣天天無所事事混日子。結果離婚拿到的錢，一個月就花掉了六分之一，這下她才慌了。

這時熟人介紹她一份不錯的工作，工作輕鬆，而且有固定的工作模式，每天只需要上班打卡到稅務局辦業務，還不需要下班回公司打卡，週休二日、朝九晚五，就是薪水低了一點。然而她一聽立刻橫眉冷對：「這工作太難，我做不來。而且上班太遠，辛辛苦苦一個月，還不夠買件大衣。」

其實不是工作太難做，而是她太想不經過努力，就能輕鬆成功了。

生活不是你以爲的那麼容易，也不像你想像中的那麼艱難。誰都有過好日子的願望，但多數人沒有付出過相應的努力。

沒有人能隨隨便便成功。偉大不是一蹴而就，是要經過一番風雨後才能見到彩虹的。要想成爲厲害的人，就需要有吃苦的精神。臺上一分鐘，臺下十年功，厲害是一步步努力而來的。

我的老闆就是這樣一個人。最初來到大都市，只是想看看外面的世界，找一份自己喜歡的工作。剛開始他遇到了很多困難，生活最窘迫的時候，甚至連房租都付不起。

接下來每一份工作，他都能學到自己想要的東西，增長見識，提升技能。大約幾年後，他逐漸在行業內聲名鵲起，很多大的公司挖他過去做顧問，爲公司謀畫布局和創新發展。

在行業內，他幾乎熟練掌握了各個環節上的技能，扎實的基本功，加上出色的管理能力，使他想要更進一步地突破自我。在爲公司獻策之餘，也開始尋找自己的未來之路。

他利用自己十餘年的專業累積，成爲這個行業的佼佼者。在看似就要這樣穩定地發展下去時，又出人意料地來了一次華麗的轉身，開始邁向新的領域。

十餘年專業知識的累積加上對未來前瞻性的思考，他選擇了最具潛力的發展方向。獲得多家機構的投資，他走上了創業之路。在這條路上，他砥礪奮進，勇敢前行，短短幾年時間，就打造出一支領先行業的團隊。

「深夜裡沒有痛哭過的人，不足以談人生。」現在我們看到他談起當年艱辛往事時，總覺得雲淡風輕，誰知道他笑容的背後，是多麼的勇敢和努力。

看到別人如此厲害，那麼怎麼讓自己也變得很厲害呢？那就是超預期完成自己手上的每一份重要的工作。什麼是超預期交付？它有三個重要的工作線索：

第一，超出同事和上司的預期去完成任務；第二，超出自己上一次的表現完成任務；第三，除了關注自己的本職工作，還要向上游和下游延伸自己的工作，爲自己的工作效率和工作效果負責。

超出同事和上司的預期，這個應該不難找到方向，我們甚至可以直接去問問同事和上司，對自己的工作還有哪些期待，怎樣做得更好。超出自己上一次的表現完成任務，這個更加簡單了，就是比上次任務完成得更好。比如更早完成，提前上交，品質更高，方案更多更完善，這些都是超預期交付。還有就是在工作中，不能只守著自己眼前的事情，要爲最終的結果負責，我們要積極介入上下游同事的工作，做到多提醒、勤跟進、速回饋、給方便。

雄鷹展翅高飛任意翺翔，是因爲牠靜養數百日的羽翼豐滿才能實現；別人成功的榮耀和光環，是因爲他們夜以繼日、日復一日地付出與累積。

渴望成功，覬覦別人成功背後的無限榮光，卻不願腳踏實地地付出。我們之中的大多數人，來也匆匆去也匆匆，在自己的人生履歷上畫下了一個個逗號，卻始終未能給自己寫下一個圓滿的句號。

4 越高的目標，越需要延遲滿足

我在網路上看過一個勵志的追星故事。

有個女孩喜歡一名美國明星，她爲自己定下了一個目標，用十年的時間見到自己的偶像。

她先考上了自己心儀的大學，然後準備托福考試。考過托福後，加入偶像某工作專案的主辦單位，並積極參加各種活動，終於獲得了一次和偶像見面的機會。而這時，距離她在電視裡第一次看到偶像時，已經過去了十年。出人意表的，平日裡愛罵追星腦殘粉的網友，卻對他的這段「追星」的經歷大加讚賞。因爲她完全依靠自己的努力和韌性，一步步努力接近目標，最後實現了自己的目標。

如果她只是盲目地追逐偶像，那麼充其量不過是任性的追星族。因爲目標而爲自己制定了合理的計畫，她才在追星的同時，改變了自己的命運。

無獨有偶，我的一位講師朋友有次在培訓講座上提到：第一，當我們想要做成某件事時，爲自己設定的目標需要具備可操作性，不能太空泛。

第二，注意記錄每個階段的成果，要有清晰的目標回饋結果，不要把目標欲望的滿足感提前透支。

他用這個方法完成了很多事，例如把一週需要做的事拆分成小目標，把「下次達到什麼階段」的目標改爲「多一點的進步」，集中攻堅之後再提升目標。使用這個學習方法之後，他開始慢慢進步。

他最胖的時候將近一百公斤，爲了減肥，給自己訂下的第一週的目標，不是減多少體重，而是讓自己養成持續健身的好習慣。

爲了達成這個目標，他對自己進行各種鼓勵和暗示：不管早上、中午、晚上哪個時間段運動更科學，也不管做什麼樣的運動，只要自己能堅持半個小時以上的運動就是勝利。

第二週時，他在保持上週紀錄的同時，在飲食上進行了改善，每次堅持完成任務，他就給自己一點小小的獎勵。

第三週，他加大了一點運動量，時長從原來的半個小時延長至四十分鐘。這樣循序漸進，能減的時候就減一兩公斤，不能減的時候，保持體重不增加也是一種勝利。

實現一個個小目標後，他恍然發現，自己竟然真的練成了當初期待的好身材。更重要的是，他在完成自己夢想的過程中，找到了對生活掌控的感覺，實現目標的過程，也讓他找到了久違的幸福和滿足。就這樣，他放棄了即時滿足的口腹之欲，達成了健康的長期目標。

爲什麼要延遲滿足呢？欲望是無止境的，一個短線的目標只能滿足一時的欲望。要獲得更長久的幸福，就越需要建立一個長線目標。越高的目標，越需要延遲滿足。

有人用「相對論」解釋時間的長短。

例如我們做一件我們不太喜歡的工作時，會感到很煩、很累、時間過得太慢。但我們玩電玩時，半天的時間總是一晃而過，一點也不覺得煩惱。

這是爲什麼呢？其實，玩對抗、消耗型的遊戲，並不是一件輕鬆的事。而我們喜歡它，追根究柢是喜歡它的獎勵機制，這種機制符合我們大腦的欲望機制，所以才能刺激我們不停地玩下去。

打完這局，我們就可以得到一些金幣。打完下一局，我們可以升到另一個關卡。總而言之，遊戲的獎勵機制無處不在，這種機制讓你隨時可以感到自己的付出很快就能得到回報。

感受到即時回饋，在短期內獲得利益和回報，非常符合人類大腦的運行機制。那些需要我們長線投入精力去學習、思考的事情，都是我們大腦不喜歡的；馬上見效，給予我們短期利益的活動，都是能快速刺激我們大腦，提升大腦興奮度的事。

其實，高效率的時間管理，內在機制與遊戲並沒有太大區別。和遊戲一樣，我們可以給自己設置一個又一個階段性目標，讓自己不至於茫然失措，又不至於因爲快速達成目標而失去對這項遊戲的興趣。

大部分沉迷於遊戲的人，是沉迷於自己達成一個個目標時的成就感，這種即時滿足的欲望會吸引著他們不斷陷入其中。其實，那些即時滿足所帶來的快樂無法持久，只有目標持續滿足帶來質變，才會讓人產生幸福感。

爲了達成小目標堅持努力的過程，就是管理時間的過程。這套目標的運作模式，也可以完全遷移到生活中來。

一個人之所以會感到迷茫，就是因爲他們的生活中沒有目標，失去了可期待的方向感。人的迷茫中有一大半含著對未知的恐慌，而克服迷茫最好的方法就是先樹立一個容易達成的目標。在力所能及的小事上率先要求自己，讓自己習慣這套行爲模式，再慢慢擴展到更大的人生目標。

有個朋友說起自己爲了考研究所時是如何管理時間的——他就是用遊戲來比擬學習任務。

首先把自己所有要考的科目，當作遊戲中的小目標。比如把單字做成便利貼，貼在房間四周，背會一個就代表著賺到多少金幣；把考古題的試卷做爲每週的小測驗，達到一定分數就獎勵自己看一次電影；把一學期要看完的書當作自己祕笈，看完一定數量就獎勵自己可以看一本課外讀物。

透過這套方法，他如願以償考上理想學校的那一刻，眞的感到自己就像一個脫胎換骨、一身金裝的大神了。

唯一不同的是，遊戲中的快樂轉瞬即逝，而他的幸福卻持續了很久。這套目標切割的模式，還能遷移到很多事情中。其實，實現目標的過程，就是不斷給自己希望的過程，也是延遲自我滿足的過程。

當我們有可期待、可實現的預期目標時，我們的生活才有希望。所以，我們的初期目標一般不能預設得過於高遠，但也不要唾手可得，因爲任何唾手可得的東西，都會破壞我們的期待感。

越高的目標，需要延遲滿足的時間就越久，需要付出的時間也就越多。當我們眞正做到時，獲得的將不僅是瞬間的快樂，而是充盈靈魂的幸福。

第五章

如何高效率管理你的閒置時間

自己不懂的東西從來不做也不亂講，
專注深耕一個細分的領域，
一直做到這行業的頂尖。

1 習慣，是通往高效卓越最扎實的路徑

一位曾經做過助理工程師的學員，跟我講過一件事。入職新公司，因爲他是新員工，所以常幫大家列印檔案整理資料。他自認爲這樣做很高明，可以拉近和同事的關係，還能儘快融入團隊。沒想到時間久了，同事們連沖咖啡、訂外賣這樣的瑣事也直接找他代辦，他徹底淪爲了跑腿小弟。

當然，這還不是最糟的，最糟糕的是總經理常會臨時指派他任務，要求很高而且時間緊迫。不管他手頭上有多少工作，只要接到命令，就要第一時間完成。他整個人就像被不斷鞭打的高速旋轉的陀螺，疲憊又焦慮。

由於事情繁雜，很多事情做到一半就被迫叫停，轉而去做更緊急的事，加班更是常事。這導致他的精神狀態非常不好，甚至一度出現抑鬱。一次偶然的機會，他看到一位入職七年的同事每天的工作量並不比他少，但在大家眼裡，他常常是一副不慌不忙、從容不迫的樣子，而且從不加班。

這位同事告訴他：「其實沒有什麼祕訣，我只是每天花些時間整理工作，排好工作順序。」

「可是我每天的工作都是臨時追加的，毫無計畫性可言。而且個個來頭都很大，誰也得罪不起！」

同事仍然無比淡定：「打開電腦，第一件事就是將待辦事項整理一下，先別忙著動手，而是列個簡單的日程。如果遇到急事急辦，其餘的也要排個先後次序。每次接到任務，最好明確一下工作的緊急程度和時間點，慢慢形成自己的工作習慣，就不會出現手忙腳亂的感覺了。當然，最重要的一點，不屬於自己的工作，要學會拒絕。」

整理待辦事項，在工作中形成良好的習慣，對我們職場上的人非常重要。好習慣能夠使我們更增效率，只要堅持下去，你一定會走向卓越。所以說習慣是我們通往高效率最扎實的路徑。

於是他開始試著整理，這才發現自己每天的工作時間其實安排得並不滿，只是很多事情在時間上有衝突，才會讓自己顧首不顧尾。

其實每天多花幾分鐘，將工作理好，所有任務就都能有條不紊地依次進行。

即使中途插入臨時工作，也能很快做出調整，依次順延，再也不會因為被催進度而感到焦慮了。

那麼我們在工作中如何做到有條理呢？首先，要做好清晰的規畫。一個好的規畫，能夠讓你有一個完整的工作思路。對工作有了整體把握後，你就知道什麼時間該辦什麼事情，就不會在工作中出現手忙腳亂的狀態。

其次，要分清主要次要，也就是要抓住工作的重點。重要的事情提前做，次要的事情往後放，這樣有利於你找到工作的重心，避免什麼都想做，最終什麼都沒有完成。

雖然一開始會花費很長時間適應，但等好習慣養成，就可以快速進入工作狀態，減少因方法不得當而造成越忙越亂、沒有效率的浪費。

我常聽到大家抱怨：「我都忙翻了，恨不得開外掛！」「工作一團亂，沒有半點頭緒。」通常，造成這種情況的原因就是做事沒有條理和計畫，在沒有理清思路的情況下匆忙上陣，但等做了一半才發現，還有比這更簡單的方法，或者緊急的工作。有時任務一多，自己就先慌了，結果往往差強人意。

每個企業都在講高效管理，甚至還聘請專業講師教授工作法。然而，課是聽了不少，成效卻甚微，更遑論應用。

培養有條理的工作習慣，真的那麼難嗎？不盡然，最主要的原因就是我們缺乏主動性，有怕麻煩的心理在作祟。

小郭是一家企業的資訊管理員。眾所周知，資訊管理的工作非常繁重，而他的部門不但要承接來自公司的技術資料和管理資料，還有申報專利和標書裝訂等工作。除此之外，日常部門對接以及技術檔案的發放等也屬他管轄。

但是同事每次到他們部門找資料，他都能不慌不忙地翻看紀錄，告訴你資料在哪個檔櫃、哪一排，從未出過錯。

一開始大家並未覺得有什麼，直到小郭請假期間，公司抽調了三名同事來暫代他的工作。那幾天，資料管理工作只能用雞飛狗跳來形容，生產幾乎停滯，辦公室裡一團糟。後來大家一起動手，才勉強應付過去。他們這才發現，小郭的工作不是誰都可以勝任的。

大家紛紛感嘆，原來他一個人管理那麼多工作還能做到有條不紊、從容自在地滿足需求，簡直太神奇了。大家紛紛向他取經，小郭卻雲淡風輕地說：「這其實也沒什麼，提前做好分配和基本的條目整理，每天花時間整理一下當天的工作，分出哪些是重要又緊急的，哪些是重要但不緊急的，哪些是緊急但不重要的，哪些是不緊急又不重要的，按照這樣的順序，重要緊急的工作優先處理，就不會出現臨時插隊而手忙腳亂的情況了。」

工作中你是否常常覺得時間越來越少，工作越來越多，負荷越來越重？於是忙、亂、多成爲你低效率和工作做不完的託詞。然而，究竟是時間越來越奢侈，還是你越來越跟不上節奏？也許你要抱怨，每天光是電子郵件和日常處理，協調部門之間的工作，就要花費大量時間，更遑論還要求對工作要有所創新。

其實，條理化工作就是要把自己的工作分配好，在日常的工作中形成習慣。需要親自完成的就得加快時間，那些需要協調的工作，就交給專門的人員去處理，這會達到事半功倍的效果。很多時候，不是時間眞的不夠用，而是我們把過多精力放在了不該操心的地方。所以，當你學著把工作進行管理，將系統的工作合理化分割、規畫，按照清晰的類別、時間節點有條不紊地完成時，不但能夠保持品質，還能讓你在繁忙的工作中遊刃有餘，在人才濟濟、競爭激烈的職場中脫穎而出。

時間管理並不在於管理時間的長短，而是養成合理利用時間的好習慣。當好習慣成為一種習慣引力，那麼無論你在何時何地，面對什麼樣糟糕的情況和紛繁複雜的局面，你的大腦都會在習慣引力的牽引下第一時間作出判斷，快速分清主次，理出頭緒，保持有條不紊的辦事節奏。

一個好習慣的養成，可以讓你受益終生。它不僅能夠讓你從容應對各種棘手的局面，還能保證你在追求卓越的路上，擁有無與倫比的能力加持，更加出色地勝任各種角色。

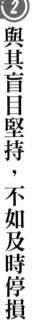

2 與其盲目堅持，不如及時停損

我在網上看到一則新聞：「張先生無意間被拉進一個炒股群組，定期發布一些新股申購資訊。一開始，張先生只是覺得好玩，沒放在心上。後來，看到群組裡接二連三分享賺錢的消息，張先生內心開始蠢蠢欲動，按照發布的申購資訊，他進入所提供的網址並購買了一檔股票。雖然購買的金額不大，但是沒兩天他就雙倍獲利，錢也很快地入帳。

嘗到甜頭的張先生很快又追加了幾萬，這次同樣盈利並很快兌現了。隨後，幾檔股票雖然有輸有贏，但整體收入依然非常可觀，張先生認為該網站比較可信，於是，就將網站推薦給了身邊的親戚朋友。

他和親戚朋友花了大量資金申購新股。但沒過多久，他就發現無法登錄該網站，負責人也聯繫不上，這才意識到自己可能上當受騙了，於是趕緊報警。」

無獨有偶，我表弟畢業後，在一家外資企業上班。和他同時進入公司的同事，要不是被其他公司挖走，就是跳槽，薪水是他的好幾倍，他卻一直留在公司。表弟在這個行業堪稱翹楚，如果到別的公司一定以年薪計酬。而他現在的公司隨著市場不穩定，股東重組，新老闆不僅取消了升遷機制，還規定薪酬待遇終生不變。

這時候，表弟當了爸爸，加上房貸，明顯地捉襟見肘。他也想過跳槽，但考慮到在公司工作這麼久，如果進入其他公司又要從頭做起，便一直猶豫不決。就這樣，表弟一邊抱怨薪水太低、工作三班制，一邊又不敢跳槽，日復一日地在抱怨中蹉跎光陰。

成功的祕訣在於「不爲清單」，簡而言之，就是不做不對的事。發現錯誤、及時停損，這時你投入的成本最小，損失也能降到最低。現實中，很多人明知有錯，卻依然抵擋不住短期誘惑。等到眞正釀成了巨大損失才悔不當初。其實，如果做事之前有自己的不爲清單，知道哪些事情可以做，哪些事情絕不能碰，或者發現錯誤之時能夠及時停損，這樣既能節省時間成本，又能避免精力和人力的浪費，不斷修正前進的方向。

除了發現錯誤及時停損，你會發現還有一種現象：有些事情投入得越多，收穫卻不見得越來越多。就像你在一條路上走了很久，卻始終沒有到達嚮往之地，你不知道是該繼續堅持，還是就此放棄。

雖然大部分人口中高喊堅持，但有的時候選擇放棄、及時停損，卻比堅持更爲艱難。有些事或許從一開始就是錯的，那麼不管你如何堅持，如何努力，都只會讓損失越大而已。

有位從日本回來的朋友開了家火鍋店，試營運時請我們這些老同學去捧場。其實這並不是他第一次創業，還記得三年前，他豪情萬丈地攜帶自己在日本打工賺得的第一桶金，回國開了家高級餐廳。那次我有全程參與，從餐廳選址、裝修，再到聘任廚師，朋友可謂是殫精竭慮。然而，餐廳的經營卻舉步維艱，在勉強苦撐了三個月後，只好慘澹轉手。打工賺來的幾百萬元眨眼蒸發，還賠了幾萬元。最後他父母幫著一起還錢，而他也只好回到日本。

朋友的做法讓我一度納悶，爲什麼創業只有開餐廳這一條路呢？他呵呵一笑說：「做吃的好啊，大家都離不開吃飯。而且開餐廳門檻低，資金回籠快。」

他的想法固然沒錯，但他新開的火鍋店只維持了不到半年就轉手他人了。開始生意還勉強可以，但後來都市計畫變更之故，人流量縮減，生意入不敷出。再加上事務繁多，雇人又不划算，結果連本金都還沒回來，人卻累壞了，最終還是失敗告終。

在我認識的人中，這位朋友一直都努力上進，工作很拚，生活認眞，做事專注。這樣一個努力生活的人，卻一次次創業失敗，非但沒能逆轉勝，反而讓他越陷越深，最終損失慘重。

於他而言，如果能夠及時認清自己的缺點，果斷退出，雖然會有所損失，但也是在可承受範圍之內。然而他卻心有不甘，選擇死撐，甚至覺得自己還有翻盤的可能，於是盲目地相信自己可以力挽狂瀾，轉虧爲盈。正是因爲心中這點不甘，不願意放棄自己付出的辛苦，以及投入的大量金錢和精力，所以才會一而再、再而三地冒險一搏。

與其盲目堅持，不如及時停損。要想使損失降到最小，就應該及早看清自己堅持的事情是否値得繼續下去。如果認識到堅持本身就是一個錯誤，那就越早結束這種狀態越好，否則只能是越陷越深，最後追悔莫及。

人都是感性生物，很容易深受內在恐懼的影響，或者對未來抱有不切實際的幻想，不能勇敢地承認錯誤，客觀地接受失敗。

他們更願意去接受已有的東西來規避短暫的損失，因爲相比於被人性的弱點所驅動的堅持，選擇放棄曾經的付出，從零開始反而需要更大的勇氣。

當然，也不排除是因爲放不下我們所認爲的面子和自尊，不願意承認技不如人。付出的成本越高，就越有理由說服自己堅持下去，就像有的人，花高價買了名不副實的東西，儘管知道這東西根本一文不值，卻不願承認是因自己的愚蠢而上當受騙，反而在外人面前不斷強調這東西的CP值高，物超所值，逼著自己接受這個錯誤的暗示，並繼續使用這個一無是處的東西。這樣做，只是爲了他那點可憐的自尊和可有可無的面子，但結果卻讓他付出了加倍的代價。

管理學大師彼得．杜拉克曾說：「人生最悲哀的，莫過於用最高效率的方式去做錯誤的事情。」是的，如果連奮鬥方向都是錯的，那麼我們在堅持不對的事情上付出越多，代價就越大。原本只是做一件事，最後卻不得不做幾件事情去彌補。這時你的堅持，在眞相面前將毫無價値。堅持不一定就是對的，還要懂得及時停損。與其慣性盲目地堅持，不如及時停損，讓過去的過去，讓未來的儘早到來。

3 人生的距離，往往在閒暇時拉開

有一位朋友在公司上了一段時間班後，每次聚會的話題都是：「現在好累，我要學一點新東西，才能方便我找到更好的工作。」

我說：「你想學就趕緊學啊。」

他說：「不行，現在的時間太零碎了，我完全不能靜心，要是能空出整段的學習時間就好了。」

我告訴他：「成年人的時間大部分都不屬於自己，要想好好學習的話，最好的辦法就是利用瑣碎的時間。」

每個人都知道時間管理的象限法則，又緊急又重要的事情，我們當然知道要優先處理。關鍵是，我們常常會忽略重要但是不緊急的事情。

其實，如果把我們要學習的新技能當成是一件重要但不緊急的事情，我們就知道該如何分配時間了。

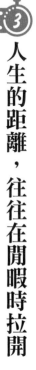

例如我這位朋友，他的公司不常加班。一天二十四小時，八小時睡覺，八小時工作，另外八小時，就是屬於自己的機動時間。一週五天或六天工作，兩天或一天休息。這樣算算，其實閒暇時間並不算少，但我們從來都沒有重視過這個時間。

我們總是和這位朋友一樣，想著「要是有整段的時間給我學習就好了」，然後因為生活所迫，就這樣無止境地等待下去。

我剛工作時，上司告訴我，他找到第一份工作時才二十歲，那時雖然只是剛畢業，卻有一種初生之犢不畏虎的狠勁。

剛工作時他是公司的祕書，財務主管經常安排他做一些財務部門的工作，他便很快學會了基礎的財務知識。某一次，公司分配了一項融資案，財務總監忙不過來，他就自告奮勇：「要不我試試先幫你準備資料。」對方半信半疑地把案子交給他，他利用自己的休息時間查資料、看相關影片、惡補相關知識。靠著這次融資的實戰經驗，他學會了很多審計方面的知識，順便還考了一個審計師的證照。

很多事看起來難度很高，但實際操作時，只需要努力花點時間就能做到。我也一度認爲，一個人只有擁有充分的時間，才能做成某件事，但並非如此，把有限的時間用在做一件事情上也能成功。

有限的時間，就是指我們平常閒暇的時間，誰能利用好這部分時間，誰就能超越大部分人。

「等我們有充分的時間了再去做這件事」，聽起來很不錯，但當其無法實現時，最好的方法就是利用好零碎時間。我們要有意識地讓自己利用好時間，有意識地主動付諸行動。

我曾經看過一個頗爲觸動人心的影片。主要內容是一個人爲了夢想，用工作之外的時間修復壁畫上的顏色，十年時間堅持不懈。

在我們追劇、打電動時，還有一些人默默發展著自己的愛好。我還曾看過一個新聞報導，有個女孩業餘學畫畫，花十幾年的時間專畫動物，逐漸成了畫家。網站把這個女孩所繪的圖畫一幅幅展示出來，與十幾年前稚嫩的筆法相比，現在女孩精湛的畫技震撼了每一位觀衆。我特意翻看了新聞下面的留言，女孩回答她是一個慢慢把副業發展成爲主業的人。正因爲把所有的業餘時間都用來發展自己的愛好，所以才成爲了一個眞正的畫家。

另外有個十九歲的考生因爲擅長折紙，被哈爾濱工業大學破格錄取。他說自己的閒置時間全部獻給了折紙，所以在折紙這件事上開花結果也是必然的。

你的時間在哪裡，你就在哪裡開花結果。利用閒置時間去耕耘自己熱愛的事業，才是眞正意義上的時間管理。

這個世界最公平之處，就在於任何東西都需要靠時間的累積，沒有一蹴而就的成功，也沒有天上掉下來的禮物。利用好自己的閒暇時間，才能讓自己的人生更進一步。

4 時間管理的高手，都是懂得休息的人

電視劇《歡樂頌》裡的趙醫生，在醫院是斯文謹慎、技術精湛、懸壺濟世的外科醫生；在朋友面前，他就化身爲一個機智有趣，喜歡看《火影忍者》的資深漫迷。這個巨大的反差，讓大家跌破眼鏡。

你無法想像，一個英俊儒雅、技術超群的帥氣醫生，居然會喜歡動漫。他只是在玩嗎？不，他是在休息，這是另外一種放鬆方式。

我聽過這樣一句話：「一個不會玩的人也不會學。」當然，此玩非彼玩。這個玩，指的是如何充分休息。只有會休息的人，才能有更充沛的精力投入到工作裡。眞正的專家，都是長線作戰，能保證自己在長線作戰中擁有充沛精力的，關鍵就是要學會休息。

我有個朋友他能做好很多事情，因爲他會休息。這個休息，不是玩電玩，也不是滑手機。那麼，到底什麼才是眞正的休息呢？

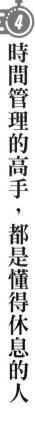

我把需要耗費大量精力的事情都放在每天上午做，集中精力攻堅一段時間後，大腦會感到疲憊，這時我會喝一杯咖啡，然後休息二十五分鐘。

你很難想像地產大亨潘石屹每天要處理多少事情，然而不論工作有多忙，他每天都要抽出時間，放下光環像普通人一樣在北京街頭慢跑。曾經有人問他：「你爲什麼喜歡跑步？」他爽快地哈哈一笑：「最初跑步只是爲了減肥，但慢慢地，我體會到了跑步的快樂。」

再厲害的人，都有被焦慮壓力和繁雜事務夾攻的時候。一忙起來他們就像高速運轉的陀螺，但他們都有一個很好的技能：會休息。

他們有一套嚴謹的時間概念，知道哪些時候該惜力，哪些時候要拚搏。不管面對什麼樣的困境，他們都能用自己的方式，暫時忘卻壓力和煩惱。「會休息」是一種職業能力，和溝通、表達、講演、時間管理一樣，是你實力的一部分。

我的一位朋友在外商工作，做過總經理的助理，總經理叫做安東尼，是一個有趣的法國人。

作爲公司的掌門人，安東尼非常忙，不僅要處理分公司的各項事務，還要經常到法國的總部開會。

安東尼有一種特別的能力，就是可以抓住一切時間休息。無論在旅途幾個小時的飛機上，還是在十幾分鐘車程中，他都能在極短的時間內快速補眠，哪怕是瞇上幾分鐘，等他到達目的地時，就能精神抖擻地投入工作。

當你寫了一天的文案，開了一天的會議，結束一切回到家中的時候，你迫不及待地想躺一躺，想休息一下。其實，這是個錯誤的認知。

固然，睡眠是最好的休息方式，但這並不是針對所有人，它主要對睡眠不足的人和體力勞動者有用。作爲一名腦力勞動者，當你整天坐在辦公室，大腦一直處於極度興奮狀態，但身體卻處於低興奮狀態，睡眠對你的作用並不大。你需要做的只是找件事情把緊張的神經放鬆下來，這樣你就理解爲何假期旅遊自己依然感到疲憊，而下班後游泳半小時卻能神采奕奕。

當然，休息和玩是兩碼事：休息是恢復精力和體力，爲下一次工作做準備，而玩是娛樂活動，是爲了滿足感官刺激。

週六週日，你想呼朋引伴高興一下，於是深夜追劇，徹夜打電動，第二天拖著嚴重消耗的身體上班，比熬夜加班還累。

逢年過節，本該好好休息，你卻收拾行李，奔赴景點，舟車勞頓，身心俱疲，出去放鬆的旅遊比拓展訓練還累。其實，這都是不會休息的表現。這樣不但沒能讓你的體力得到恢復，反而消耗過大，使你更加疲勞。

相較之下，跑跑步，做做瑜伽，或者是帶家人去公園走走，效果可能更好。因爲眞正的休息，不是爲了爽，而是爲了能更好地工作。

休息是爲了給自身充電，每個人在疲憊的時候都需要充電。我非常提倡「精確休息」的觀念，它能夠讓我們快速充電。手機電池是脆弱的，越用容量越低；但人是反脆弱的，鍛鍊身體可以提高你的電池容量。手機不會因爲充完電而喜悅，而人在休息和鍛鍊之後情緒會變好。

除了充電，我們還需要省電模式。最近蘋果出了個醜聞，說程序主動降低iPhone的性能來成全老化的電池。消費者對這個做法非常反感，但是這麼做對人似乎有道理。如果你現在能量很低，應該把自己調到省電模式，就不要做那些特別燒腦的事情了——因爲在能量低的狀態下也做不好。

朱光潛先生曾在《談休息》中說：「休息不僅爲工作蓄力，而且有時工作必須在休息中醞釀成熟。」

曾經有個室友是個工作狂，常常加班到很晚。週五晚上他從公司回來，進門

第一句話就是：「這幾天畫圖太累了，週六我要去外面瘋狂玩一天！」對他而言，休息就是換換腦子而已。

什麼是最好的休息？休息是一種放鬆的心態，學會享受生活，享受人生才是正解。它會在你緊張有序的生活中增加一味調味劑，讓寡淡無味的人生多一些不同的風景。

永遠不要想「等我有錢了就開始環遊世界」，那樣你永遠得不到眞正的快樂。過程比終點重要，若只爲終點，過程將會變成煎熬，容易半途而廢。而且一旦到了終點，你就很難再開啓新的旅程，因爲那時你已內耗過大，沒有精力和勇氣進行下一段旅程。

眞正智慧的人都是會休息的高手，終點只是暫時的驛站，過程才是生活本身。生活沒有眞正的終點，除非到了歲月的盡頭。如果你只爲了享受終點的勝利，那麼生命對於你將沒有任何意義。因爲，你的人生就是由一個個過程組合在一起的綺麗風景。

多線作戰，做自己的「斜槓青年」

我表妹工作很辛苦，爲了使自己晚上能夠安穩睡覺，睡前都會喝一小杯紅酒。每次喝完，她就上網或去店裡再買一瓶。

她是一家科技公司的主管，每天工作非常耗費腦力，用腦多了晚上就不容易入眠。聽一個朋友建議睡前喝點紅酒既幫助睡眠，又能養顏美容。她選紅酒，最初也不分價格和好壞，網上買就看評價如何，好評多的就入手，實體店則是由店員推薦。後來有一次朋友推薦了一款非常不錯的紅酒，她喝了後覺得很棒，再想去購買的時候，那款紅酒已經告罄。

她爲了找到同款紅酒，買了一本關於紅酒的書，每晚品嘗自己親自選的紅酒感覺非常愜意。過了大半年，逐漸對紅酒有了研究。產地、年分、等級、口味等都能信手拈來。慢慢地成了紅酒達人，經常幫同事推薦紅酒或辨別眞僞。

再後來她甚至業餘開辦了紅酒品鑑培訓班。她發現國內很多人喜歡喝紅酒，但是對紅酒了解不深，覺得這有可能是一個商機。一開始免費培訓，後來逐漸收取一些費用，現在她成爲了紅酒培訓業內的佼佼者。

現在，她不但是科技公司的技術專家，還是紅酒的明星培訓師，成爲利用了自己業餘時間，培養自己其他的專業能力人人羨慕的斜槓青年。

時間對我們來說並不是整塊的，而是被分割成無數碎片。利用這些碎片化時間培養多種能力，「多線作戰」已經成爲現代人最重要的職業技能。

當然，在這個凡事都講究效率的時代，每個企業的管理者，都恨不得手下的員工個個都身懷絕技，十八般武藝樣樣精通，既可以節省用人成本，也能方便人才儲備和資源調配。

就個人而言，多線作戰也是職場競爭的一把利器。如果你是一個優秀的管理者，同時也是一個技術專精的高級工程師，那在優勝劣汰的企業環境裡就相當於多了一生存管道。這不僅可以成爲你升職加薪的籌碼，也是讓你脫穎而出的「金手指」。

當然，多線作戰最關鍵的因素就是時間成本。因爲無論做任何事情，你都要投入時間，如果連時間都吝嗇，就妄談成果。

葛拉威爾在《異數》中提出：「人們眼中的天才之所以卓越非凡，並非天資超人一等，而是付出了持續不斷的努力。一萬小時的錘煉是任何人從平凡變成超凡的必要條件。」

這就是人們奉爲經典的「一萬小時定律」。按照這個定律，你想在某個領域有所作爲，必須投資足夠的時間。簡而言之，就是一萬小時。

我表弟現在還是大學生，但是已經月入好幾萬。試想一下，很少大學生能有此待遇吧！他辦到了，他是靠一口流利的英語，兼職去做口語翻譯賺到的。

高中的時候，他的英語一塌糊塗，基本的對話都說不流利。一次偶然的機會，在一個外貿展上看到一個中學生負責口語翻譯，說得非常流利，連外國人最後都豎大拇指稱讚。

他看到一個中學生都這麼厲害，深受震撼。因此開始嚴格要求自己，晚上聽英語，去操場上大聲背誦英語。短短兩年，他就一躍成爲班上英語的頂尖高手，後來他更是以全市英文第一名的成績考上了理想的大學。進了大學，他仍然堅持不懈，靠著自己高度的自律，他成爲學校有名的「外國人」。

他做兼職翻譯、當家教等，每個月收入豐厚。並把兼職賺來的錢，買了很多電腦程式設計方面的書，決定再掌握一門技能。

表弟還沒有出社會，即成爲我們眼中的斜槓青年了，他堅持不懈，把時間用在成就自己的英語上，實現了多線作戰。將來必定會有一番作爲，一定能夠超越很多同齡的人。

一萬小時對於普通人來說，確實很難，可對於志向遠大的人來說並不難。把時間用在某一項工作中，經過千錘百鍊你也可以成爲某一領域的專家。

現實中有很多人，看到別人多線發展非常羨慕，卻總是停留在羨慕中，沒有實際行動。當看到身邊親近的朋友在畫畫上有所成就時，很多人只會酸溜溜地說：「會畫畫有什麼了不起，我的繪畫水準比他高多了。只不過因爲我太忙，沒有時間去發展這項愛好。如果我早在幾年前就堅持，說不定現在比他還出名。」

多線發展，你也會成爲斜槓青年的。不要每條線都淺嘗輒止般努力，要先在一條線上投入時間和精力深耕，然後再去開發別的方向。如果能夠做好時間管理，選個兩三條線努力嘗試，最終形成自己獨特的技能，那就已經很了不起了。

時間分配，決定了我們的人生走向。是時候想一想，今後的人生究竟該走向何處，把自己有限的時間、精力和資源合理調配，打造自己想要的人生。

第六章

提升心智，用正確的方法做正確的事

停止內耗就要學會斷捨離。
剔除身邊不合適的，
留下最適合、最有用的東西。

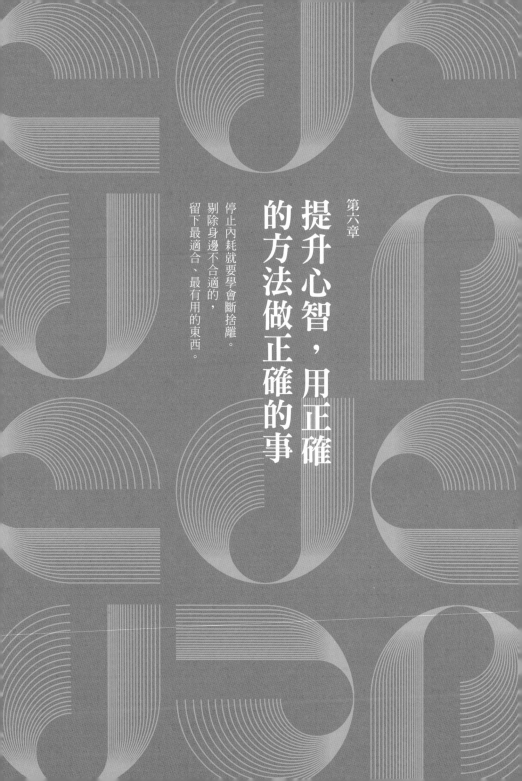

1 你的時間有限，請停止內耗

有位剛剛轉做業務的朋友接了一個大客戶。經過幾番溝通，朋友幫客戶配置了一條最符合他當前要求的生產線。沒過多久，對方就提出要實地考察。聽到這個消息，朋友很開心，因為這意味著已經得到對方的初步認可，可以繼續往下談合作了。

於是朋友就陪客戶到公司實地考察了一番，後來又經過多次溝通，對方對價格也沒有異議，準備簽合約。接下來，就是等待對方確定簽約的日期。

對此，朋友感到非常開心。但在不久前，客戶忽然聯繫他說，有其他的業務員打電話給他了。

聽到這個消息，朋友一下傻了。眼看到手的客戶就要被攔截，他非常生氣，情緒激動。於是整日在家罵公司銷售制度不完善，同事毫無節操，公司高層不作為，面對不正當的競爭行為睜一隻眼閉一隻眼，自己辛辛苦苦爭取來的案子，眼睜睜就要被人搶走。

由於事發突然，接下來的幾天，他總是無精打采，做什麼都提不起勁，意志消沉，唉聲嘆氣。更糟的是他看誰都像是那個半路搶客戶的人，爲了找出這個內鬼，他耗費了大量的時間和精力。

就在他惶惶不安、憂心忡忡的時候，客戶跟他確定了簽約日期。見面一聊才得知，眞相完全不是他猜想的那樣，是其他公司業務員打的電話。他之前的猜測都是過分擔心，所幸結果並不是他想像的那樣。

很多人都有這種感覺，常常覺得累或者壓力過大。但平心靜氣地想一想，大多數煩惱都是庸人自擾，過分的擔心只會讓自己的情緒煩躁，對事情本身毫無助益。原本忐忑不安的你，因爲想得到太多反而更容易迷失在過度的危機意識裡，這些負面情緒影響了你的判斷，使事情偏離了原本發展的走向。

其實，在生活和工作中，瑣碎和繁忙都不算什麼，只要你不亂於心，不困於情，不念過去，不畏將來，平心靜氣從容應對，根本就沒有什麼好擔心的。如果看到路上飛馳的汽車，就想到未來可能有車禍發生；聽到小孩丟失的新聞，就整天疑神疑鬼被壞人尾隨跟蹤，那就是自尋煩惱。憂患意識並不是讓你整天擔心這個，畏懼那個，落入綁手綁腳的狀況，而是讓你不能因爲太過安逸，放棄了前進的腳步。

這些所謂的憂患意識或者危機意識，其實就是影響你前進的最大的內耗，與其把精力花費在這些事情上，不如甩開包袱，輕裝前行。

請時刻記住，你的時間有限，必須停止內耗。這個世界上沒有人能打敗你，除了你自己；也沒有人能戰勝你，只有你自己。一個人最大的敵人就是自己，往往要突破的人就是你自己。常常你並不是被自己遇到的困難所打倒，而是在來的路上內耗太多，以至於你喪失了對外界事物的感知和抵抗能力。

當你喪失信心、垂頭喪氣的時候，會把大量的時間浪費在毫無意義的事情上。時間、精力都會被這些內耗所左右，從而影響你的反應力、敏銳度、判斷力以及理智。喜歡內耗的人，往往做事過於謹小愼微，一葉障目，常常將簡單問題複雜化，複雜問題情緒化。

我的職業研修班曾有一位學員，畢業時說想當設計師，同時是位寫小說的女作家。然而幾年過去，談起自己的現狀，她非常失望。當年一起上班的同事，一個個有所成就，而她卻依然平庸、不起眼。一年到頭做著份看不到未來的工作，薪水勉強剛好夠生活。尤其是年齡越來越大，連個像樣的結婚對象都沒有。身邊的人個個光鮮亮麗，她自己卻越來越不愛出門，人也變得更加沉默寡言，除了同事之外，能和她聊得來的朋友也很少，只能靠電玩打發時間。

每當想到這些糟糕的狀況，她就萬分沮喪。以至於常常懷疑自己是不是眞的有問題，才什麼事都做不好。沒才沒貌又沒有可觀的收入，連自己都不喜歡一無是處的自己，更何況是別人呢？

就是這樣的自我否定，讓她越來越痛苦，失望、自卑和抑鬱導致工作懈怠，經常因爲業務出錯而被上司責罵。

內耗的危害究竟有多大？我們的工作表現＝能力－情緒內耗。

內耗讓你產生負面情緒，消耗你所有的熱情、動力和幹勁。她的遭遇，正是因爲內耗讓她討厭自己、嫌棄自己，不敢在內心深處認同平庸的自己，才會陷入無休止的自責和愧疚的迴圈。理想有多豐滿，現實就有多摧殘。

爲什麼會有情緒內耗呢？我們之所以情緒內耗，首先是被情緒淹沒了，被憤怒、自責、屈辱、害羞等等這些強烈的情緒占據，導致自己無法思考，其次就是缺乏應對的技巧。

在此我提供一句口訣和一劑藥方來避免情緒內耗。

這句口訣就是：「我感到……我希望……」

這句口訣你面對所有與他人發生衝突時都能用，例如被人中傷、被人輕視時，就能夠拿來解決問題。這句口訣之所以管用，是因爲我們把感受和需求說了出來，就能大大避免內耗。

面對情緒內耗，還有一劑藥方稱之爲情緒零食。

有過成功減肥經歷的人，常常會吃點健康的小零食。對於零食他們不會完全克制自己，因爲過於克制，反而會產生反效果；有時候適當鬆懈一下，給自己的嘴饞留個出口，反而不會貪吃。

在電影《浩劫重生》中，湯姆．漢克斯獨自被困在一個孤島上四年，在此期間，爲了抵抗孤獨，他只能看著女朋友凱莉的照片，還大聲對著一個他命名爲「威爾森」的排球講話，結果這個排球成了他心愛的伴侶。

情緒零食也有相同功效。當我們情緒不佳的時候，親人的照片、自己喜歡的擺飾等都是很有營養的「零食」。你可以在情緒不佳時拿出這些小東西看一看，情緒就會緩和。

伊麗絲．桑德曾在《高敏感是種天賦》中提出：「停止內耗就要學會斷捨離。剔除身邊不合適的，留下最適合、最有用的東西。」

對每個人而言，時間和精力都是有限的，當你內耗過多，那麼在其他地方用的精力就少，於是事情還沒有開始，你就感到身心俱疲。

生活中，內耗無處不在，最常見的就是職場，人與人之間的算計，爾虞我詐和鉤心鬥角都在內耗。當然，還有一個產生內耗的重要來源就是自己。

尤其那些看起來努力又敏感的人，更容易產生內耗。爲了實現自己的夢想，他們往往背負更多壓力，不顧一切地壓榨自己，想要達成所願。可是，現實往往不盡如人意，赤裸裸的現實讓他們無數次頭破血流。當他們看到別人成功時，就會產生巨大的心理落差，默默地在心裡暗暗發誓：「一定要加倍努力，讓自己和家人過得更好！」

所以，最好的狀態就是：優秀的時候享受優秀，糟糕的時候接受糟糕；有精力的時候努力奮進，當身心俱疲的時候學會好好休息，享受生活。遵從內心的聲音，聽從心靈的安排。遠離內耗，遇見最好的自己！

2 真正的時間管理高手，能夠自由切換生活和工作

我們職業研修班一位學員曉曉，長時間感覺自己深陷泥淖，疲於應付各種麻煩。工作問題、孩子教育問題和各種家庭糾紛都困擾著她。一天下來，整個人都處於虛脫狀態，常常覺得身心疲憊，時刻處在水深火熱中，到處忙著救火。

儘管自認燃燒了自己，照亮了別人，但總遭受對方的質疑。上司懷疑她工作不在狀況內，沒有盡心盡力；孩子抱怨她雖然陪在身邊，卻心不在焉，只顧忙工作。就連老公也抱怨，到底是工作重要，還是家庭重要？

爲此她覺得苦惱，自己明明已經竭盡全力，爲何別人還要質疑？難道是自己能力不夠，還是做法不被對方重視？

我跟曉曉講了一件事。我曾到一個企業家朋友的家裡做客，剛一進門，就看到平時管理幾萬人的大老闆居然繫著卡通圍裙，手拿鍋鏟，笑咪咪地做著飯。同時，他的妻子正陪著兒子在客廳津津有味地看著卡通。

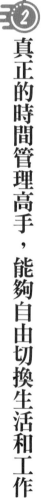

見到我詫異的樣子，他笑呵呵地說：「平時工作太忙，沒有時間照顧家裡，所以一有空我就幫他們做飯。」

大部分人工作是爲了更好的生活，但我們不能被工作綁架。能夠在工作和生活之間自由切換，才是眞正的贏家。

另一位老闆，很少人在公司見過他和顏悅色的樣子，在大家眼裡，他就像隻暴龍。業績不好，業務員被訓斥；技術不過關，技術員要挨罵。私下裡大家對老闆娘深表同情，因爲天天面對他，簡直比世界末日還要痛苦。

直到有一次，有員工撞見正在運動的老闆夫婦，精明強悍的老闆全程都牽著妻子的手，連說話也是矮著身子，遷就妻子的身高。

很多人總是分不清「工作」和「生活」的模式。明明說好了陪孩子去遊樂場，但是中途卻接了一個小時的電話，然後拚命打電話安排著工作。其實孩子只是想讓你陪在他身邊，無論玩什麼都好。

雖然你人回到家中，但心依然徘徊在工作上，不要說你已經很盡力了。你只是自以爲滿足了所有人的要求，沉湎於自己的無所不能。

眞正厲害的人分得清什麼時候該工作，什麼時候需要回歸家庭。工作時全力以赴，竭盡所能提高效率；生活中，放下所有光環和架子，一心一意陪伴在孩子和妻子身邊。他們非常清楚，陪伴不是陪在身邊做其他事，而是身心徹底回歸，一起享受家的溫暖。

那些做事經常感到身心疲憊卻沒有效率的人，就是因爲工作時掛記家裡的事，在家時，偏偏又放不下工作。每個職場人都需要練就一項特殊的技能，就是能夠在各個身分和場合中自由切換。

話雖如此，我們畢竟不是遙控器，可以隨意轉臺，但做到不把工作中的情緒帶回家還是可以的。很多人在工作或生活中，常常帶著各式各樣的情緒處理問題。當你的主觀情緒影響客觀判斷時，就很容易被情緒帶著跑，產生過激的言語和不當的行爲，引發不必要的誤解，導致工作效率低下。

我們職業研修班另一位學員倩倩剛換工作，由於還在適應期，工作內容和節奏完全跟不上，所以常常加班。儘管如此，她還是經常被上司責備。

週五她剛加完班回到家，發現丈夫正在打電動。又累又餓的她，拿起泡麵就到廚房倒熱水，結果發現壺裡一滴水都沒有，她強壓著一腔怒火去燒水。剛沖好泡麵，丈夫就問前幾天換下的衣服洗了沒有，明明是簡單的一句話，倩倩卻覺得丈夫在指責她，於是將這段時間所受的委屈和怨氣，一股腦地發泄在丈夫身上。

兩人吵了架，導致週末都沒法好好休息。第二天上班時，倩倩一直心不在焉，工作連續出現了好幾處失誤，被上司指責不用心，警告她再做不好就捲鋪蓋回家。

人是感性的，將工作中不好的情緒帶進生活，很容易引發家庭矛盾，而由於家庭矛盾的發生，又將這種負面情緒帶入工作，工作效率肯定大打折扣，出錯就在所難免。一旦形成這種周而復始的惡性迴圈，你將進入永遠無法解脫的深淵。

當然，工作和生活不可能一刀切斷。工作是爲了更好地生活，兩者相輔相成，不可分割。否則，我們的工作就失去了意義。所以，我們沒必要把工作和生活完全分開，而是要掌握兩種模式的自由切換。

前同事阿穎原本是一家企業的總監，但自寶寶出生後，就當了全職媽媽。但她並沒有因此閒著，而是利用寶寶睡覺的時間學習寫作，如今一邊當全職媽媽，一邊做網路寫手，每個月訂閱的收入頗爲豐厚。

對於自己的兩種身分，阿穎說其實也沒有什麼。孩子醒了就帶孩子，替寶寶做營養餐；寶寶休息或者玩耍的時候，就抓緊時間寫文章，兩者並不衝突。而且工作和生活交叉進行，還能讓自己精力更充沛，保持最佳的創作狀態。既不會因長期寫作而勞累乏味，也不會因爲帶孩子產生抑鬱和煩躁的情緒。

生活就是如此，無論你處在什麼狀態，都要保持心態平衡，該做什麼就做什麼，既不要想得太多而心煩意亂，也不要帶著上一件事的情緒去做新的事情。

怎樣保持平衡，如腳踩兩條船，重心分布在兩隻腳上，腳踩在兩個地方。這種情況下。確實可以平衡，但也無法移動，不管想先動哪隻腳，重心都會失去平衡。

是切換而不是兼顧，只有這樣的平衡才會讓人的生活行動無礙。因此對於工作和生活，不求平衡，只求全力以赴。

工作的時候我們全力以赴，盡量不去想家裡的事。回家之後我們全心全意，盡量不去想工作的事。雖然不可能完全做到，但是盡量讓自己做一件事的時候只想這件事。

無論你是何種狀態，工作和生活都不耽誤，才是最厲害的。眞正時間管理的高手都是能夠自由切換生活和工作。他們在兩者之間都顯得遊刃有餘，在工作中扮演好一個職場人的角色，在生活中扮演好一個家人的角色。

3 以慢思考避開「思維陷阱」

我的學弟畢業後擔任一家科技公司的IT工程師。他有過三次的相親經驗，但沒有一個女孩願意跟他有第二次的約會。爲此他經常長吁短嘆，感歎命運不濟，明珠蒙塵，沒有人能慧眼識英才。

因此聚會的時候，大家總是幫他出謀獻策，討論他失敗的原因。學弟感到委屈，說每次約會前他都會悉心準備，也買了很多溝通技巧的書，看了不少關於約會的教學影片，但收效甚微。

後來大家問他約會時都聊些什麼。學弟一臉無辜地說：「就是按照書中所說，聊女生們都感興趣的話題——美妝、時尚、電影、流行音樂之類。開始對方還禮貌地聊幾句，後來就低頭玩手機了。」

面對已經發生或正在發生的事情時，我們常常依靠直覺、潛意識或者經驗來作判斷。雖然容易迅速表明立場，但這樣通常帶有個人偏見做出錯誤的判斷。生活中，常因這樣的慣性思維而陷入「思維陷阱」的人不在少數。

學弟的情況就是陷入了「思維陷阱」。因爲過於依賴所謂的經驗和技巧，沒有深思熟慮就作出常規判斷。要知道，一般規律是依據同類所進行的歸納總結。除了一般規律之外，還存在著個體差異，並不是所有女性都對這類話題感興趣。

高手是透過拋出話題引起對方的反應，來試探對方是否感興趣，有沒有想聊下去的想法，根據對方的表情和反映來分析判斷對方的興趣愛好，以及行爲方式和生活習慣。

類似的情況還有很多。我們都有接過電話行銷的經驗，往往銷售人員一開口就讓人反感，因爲他們根本不關心你是否對此感興趣，也不關心你是否想了解那個產品，就直接對你資訊轟炸，難怪引人反感，甚至將其標記爲騷擾電話。

實際上，他們走入了電話行銷的禁區，只是爲了推銷產品，而不顧潛在客戶的反應和喜好。明明看起來很簡單的問題，爲何會讓人陷入這種「思維陷阱」呢？其實，在這裡面涉及了兩種思維模式：快思考和慢思考。

人們在作出主觀判斷或評價的時候，都會受到快思考和慢思考的影響。只是盲目自信的人容易在經驗和潛意識的雙重影響下，過分相信自己的眼光，憑直覺得出結論；而嚴謹縝密的人在快思考後，會根據客觀資料或事實深入分析，作出更深層的慢思考。

簡而言之，快思考是基於情感、記憶和經驗快速選擇的一種立場和觀點。慢思考是在快思考的基礎上，利用知識和資料來分析和解決問題，依賴的是邏輯、數理和機率。

由此可以看出，快思考其實是直覺行爲，往往靠不住。慢思考則是經過深思熟慮分析總結後的結論，更趨於合理和貼近事實。

這就是爲什麼很多人在逛街時，明明沒有消費欲望，卻經不起銷售員向你推銷。可能你需要的只是一條絲巾，但卻花高價買了一套新款的晚禮服。

同樣的，週年慶促銷活動，沒有購物欲的你，卻偏偏忍受不了打折的誘惑，買了一大堆原本不需要的東西。所以大部分的女人傾向於快思考，依靠直覺做決定；而男人則通常比較理智，按照需要來消費。

因此我們需要提升慢思考，克制自己的欲望和衝動，避免掉入「思維陷阱」。依靠更爲科學的資料和分析來說話，不要急於貼標籤、下結論。

在知識大爆炸的網路時代，很多資訊和新聞是極具欺騙和隱藏性。有個公車墜橋的事件，從一開始的照片來看，是由於私家車司機的操作錯誤，導致公車轉向墜橋。新聞報導車主是名女司機，於是基於對女人開車的偏見，矛頭對準了女司機而大放厥詞。然而隨著後來監控影片的解密，大家才發現事情的眞相，女司機正常行車，是被偏離的公車撞離了正常行駛的車道和方向，因而墜橋。

可見，快思考明顯帶有個人偏見和情感色彩。所以，在這種情況下做出的決策，往往跟事實相悖。

有個著名的伽利略鐵球實驗，當時的科學界都信奉亞里斯多德，他的話被奉爲不容置疑的眞理。

亞里斯多德曾經說：「兩個鐵球，一個十磅，一個一磅，當它們同時從高處落下來的時候，一定是十磅的先落地，並且速度是一磅鐵球的十倍。」所有人都信了，然而伽利略卻產生了深深的懷疑。

於是，當年輕的伽利略在比薩斜塔做鐵球實驗時，很多人都來圍觀，準備嘲諷他的失敗，但是最後伽利略卻證明了自己是正確的。

這也從另一面告訴我們，要想規避思維陷阱，很多時候不但離不開科學理論的分析，還要敢於打破常規，挑戰權威，才能走出慣性思維。

歐洲商學院的康普諾利教授在《慢思考》一書中提出：「人類負責認知和決策的腦系統分別是快而原始的反射腦、慢而成熟思考腦以及時刻等待空閒的存儲腦。」

根據這套理論，影響人們深入思考最主要的原因就是不專注，負面壓力以及睡眠不足。簡而言之，我們只要做到專注，減少壓力和充足的睡眠就可以利用思考腦進行深而成熟的慢思考，從而避開由於慣性形成的思維陷阱。

其實，在自我管理中，提升慢思考的能力，實際上就是升級思維能力和認知水準。當然，提升思維能力從來就不是一件簡單容易的事。我們不僅需要長期的鍛鍊和努力，還要有不斷學習和打破常規的勇氣和毅力。常常我們對抗的不是來自外界的干擾和刺激，而是來自內心的誘惑，正是這些誘惑干擾我們形成深入而集中的思考習慣，從而喪失了自我糾偏，辨別真偽的能力。

在這紛繁多雜的知識資訊大爆炸時代，慢而成熟的思考，能夠幫助我們從深層出發，層層剝離那些困擾在思維陷阱裡事情的真相，讓事情的本質清晰地呈現出來，只有這樣我們才能發揮出最大的潛能，邁向卓越和不凡。

4 高手通常在高價值區做正確的事

我認識一個人，他從事理財投資，堅持「不把雞蛋放在同一個籃子裡」。為了降低投資風險，他把資金化整為零，分別投資到不同的行業。其中，有親自經營的足球咖啡廳、朋友合夥的健康產業以及入股自己合作對象的企業。

在他看來，自己擁有這麼多賺錢的管道，只要一項做好，就一定穩賺不賠。

不幸的是，由於他對這些行業不了解，對朋友又過於信任，所以沒事先做調查，最終無一例外全都虧損了。

全球最著名投資人德魯肯．米勒曾說：「九十八%的基金經理人和個人投資者犯下了一個錯誤，他們認爲必須得把資金分散開投資。如果你眞看準機會了，那就把所有雞蛋放在一個籃子裡，然後非常小心地看好籃子。」顯然他的投資策略就是：「機會來臨時，要致命一擊。」

有句古話：「魚與熊掌不可兼得。」另外還有一種說法：「大面積撒網，選擇性捕撈。」捕撈的機會大大增加，贏的機率自然也就大大增大。而且這麼多魚，總該有一條落網吧。

事實上往往看似機會增多了，中獎的機率加大了，實際上選擇的可能性越多，精力反而會越分散，而且常常會出現淺嘗輒止、半途而廢的情況，因爲你不只有一條路可選！

這種看似處處有機會，實則等於處處沒機會的情況，意味著你比強者更弱，比專注者走得更慢，處處落於人後，競爭更是妄想。

也許有人說，魚和熊掌兩者兼得不就行了，但有可能嗎？畢竟天才少之又少，人的精力也是有限的，多一種選擇，就意味著多分散一份精力。

古時候評價一個女子德才兼備，常常用「琴棋書畫樣樣精通」來形容。但樣樣都通，卻樣樣都不精。而那些流傳千古的大師名士，往往是將其中一樣做到極致。所以，那些做得最好的人，往往不是做得最多的，眞正的高手，通常都在高價值區做正確的事。

美國棒球史上最偉大的打擊手泰德．威廉斯在所著《打擊的科學》一書中有個著名的觀點：「高打擊率的祕訣是不要每個球都打，而是只打那些處在『甜蜜區』的球。」

他提出的觀點不是像很多打擊手那樣每球必定力爭全壘打，而是只打擊高機率的球，不強求全壘打。這種聰明的擊打球的方式讓他成爲「史上最佳打擊手」。

他的觀點深深影響著股神巴菲特，在巴菲特辦公室就貼著一張泰德的海報。

在投資領域巴菲特遵循的就是在高價值區做正確的事。和泰德一樣，採取了看似保守、穩當、動作最少的打法，其實卻是最強的打法。巴菲特在投資領域的哲學就是只投資高價值的公司，其他全部不放在眼中。巴菲特過去二十年來，在中國只投資了兩家公司，一家是中國石油，一家是比亞迪。

巴菲特投資買入中國石油，不到五年的時間，收益三十多億美元。投資比亞迪，到目前爲止投資收益超過七倍。

巴菲特爲什麼投資這樣兩家公司呢？是因爲中國石油是在嚴重被低估的時候，巴菲特入手的。巴菲特看中了它未來上漲的空間。而比亞迪蒸蒸日上，尤其是在新能源汽車領域更是大放異彩，未來非常值得期待，即便現在股價有所下跌，但是巴菲特希望長期持有。這兩家企業都是在高價值區，這就是高手的投資策略。

巴菲特後來在紀錄片《成爲華倫．巴菲特》中說過：「投資的祕訣，就是坐在那兒看著一次又一次的球飛來，等待那個最佳的球出現在你的擊球區。」

很多人喜歡炒股，我身邊也有很多朋友參與。但我聽到最多的不是被套牢，就是不得不忍痛拋售，唯一賺錢的是喜歡看金融證券書籍的室友。據說他平時玩的股票就那幾支，因爲比較了解，所以何時買進，何時賣出，他都能做到心中有數。不像其他人那樣盲目申購新股，什麼熱門買什麼。

他說：「我對不了解的東西堅決不碰，只按照自己的規則做事。」看似採取最保守、最穩當的辦法，其實他們才是最強的獵手。他們懂得忍耐，選擇進攻的最佳時機使出致命一擊，而不進行以數量取勝的無效攻擊或者低成功率的進攻。

很多文藝小說中，凡能做常人無法做的強者，往往都是目標始終如一，且心性堅定的人。他們不聰明，或許比旁人反應遲緩，但是因爲目標如一，心無旁騖，所以能走得更長遠。

而那些往往自命不凡的聰明人，不是成爲見風轉舵的兩面派，就是淪爲投機取巧的利己主義者。所以說，有時候聰明不一定是優勢，反而往往被聰明所累，成爲你成功大道上的掣肘。

人生亦是如此，在重要的時刻懂得取捨，有所爲而有所不爲，在高價値區做正確的事，那麼你就可以從千千萬個普通人中脫穎而出，從普通人躍升爲高手。

5 與其花大量時間結交他人，不如專注投資自己

我曾經遇過一個學生家長，生意做得很好，他自稱是遇到了貴人，所以才有了出人頭地的機會，因此他潛意識裡認爲培養人脈要從幼稚園做起。

他的孩子念了頂級的貴族學校，甚至不惜一切代價要把孩子送進「富二代」的圈子。然而幾年後，他的孩子沒有學到眞正的本領和能力，反而染上了一身壞習慣，吃喝玩樂、打架蹺課。

其實，與其花大量時間去結交他人，不如專注投資自己。

另一位原來是作家的朋友，他還沒有成名前生活非常簡單，除了上班休息，剩下的時間就是創作。一開始，他只是寫給自己看，後來在網路上發表，有一天他的小說登上了網站首頁，越來越多的讀者開始訂閱，慢慢地，成了網站的當紅作家。

賣了幾部小說的影視版權後，他迅速轉行，開工作室、拍電影，熱中參加各

種活動擴展人脈。然而在拍了一部爛片之後，就再也沒有任何動靜了。

很多人過於浮躁，寧可把時間和精力花在無意義的事情上，也不願意投資自己。越是聰明的人，在社交上花的時間越少，往往讓我們忙碌勞累的不是工作，而是疲於應付的各種無效的社交。

作家路勇曾在《請停止無效社交》中提出：「過極簡生活，別忙著討好別人，先做好自己；傾聽內心的聲音，打開零壓力社交的大門，在時光深處邂逅知音；人脈不是追求來的，而是吸引來的。放棄無效社交，轉而提升自己，世界才會更大。」

人脈是吸引來的，不是追求來的。這句話非常好，說出了人脈擴展的本質，與其花時間結交別人，不如專注投資自己，你若盛開，芬芳自來。

日本麥當勞創始人藤田剛開始創業時，沒有人脈也沒有錢。要加盟美國麥當勞進行連鎖經營需要七十五萬美元的保證金，並且需要一家信譽良好的中級銀行作擔保。剛剛走出校門不到六年的藤田是不可能有這麼多存款的，他只有區區的五萬美元，沒有家庭背景，更不可能有銀行方面的支持。

他心中想著如何滿足這兩個條件，爲此終日眉頭不展。爲了自己能夠順利創業，他開始到處籌錢，但是半年他也就只籌到了四萬美元，離目標還差得遠。

爲了讓自己的事業能夠繼續下去，他鼓足勇氣，決定去拜訪住友銀行總裁。一天，他著裝整齊來到了住友銀行總裁的辦公室，向總裁介紹了自己的創業想法及資金需求，但是總裁對這位年輕人只說了一句：「你先回去，等我消息。」眼看著這次會面就這樣結束，藤田心有不甘，他再一次斬釘截鐵地說：「麻煩您給我五分鐘，我想向你詳細說一下這五萬美元怎麼來的！」對方頭都沒抬：「好，你說。」

「畢業六年，我無時無刻都想實現心中的夢想。於是剛畢業，我就立下誓言要用十年的時間存到十萬美元，然後用這筆錢做爲創業基金，成立一家屬於自己的公司。畢業六年來，我每月都存一筆錢，從未間斷。這期間我研究了很多行業，分析它們成功和失敗的原因，希望這些能夠當作未來創業的借鏡。我研究了很久，覺得麥當勞可以成爲我創業的方向，所以我提前一步……」

藤田一邊說，一邊看著總裁的臉色逐漸變得凝重。突然總裁起身站起來說：「你下午等我消息。」藤田一時摸不著頭腦，退出了辦公室。

藤田走後，住友總裁就打電話到藤田存錢的銀行，向行員問起藤田的情況時，銀行工作人員說：「這個年輕人很不簡單，六年來從不間斷地存錢，我們對他都佩服極了。」

聽了這些，住友總裁回到辦公室打電話給藤田，通知他住友銀行願意做他創業的擔保。

藤田的創業起步雖然艱難，但是他沒有去到處巴結，拉攏人脈，反而是專注在自己的目標。他做市場調查、分析成敗、努力存錢，爲他最終贏得了人脈，拿到了住友銀行的擔保。

不要浪費時間在無效的社交上，要專注投資自己才能贏得有用的社交。努力打造自己，只有自己優秀了，才會吸引同等優秀的人來認識你。

如何不浪費時間，把更多精力專注在自己身上，就要排除各種干擾。爲了排除干擾，我們可以建立一個系統，這個系統能幫你專注於眼前的事務。

我們要處理的干擾無非有兩類：一類是外部干擾，一類是內部干擾。針對外部干擾，有很多做法。例如可以空出一天，關掉所有的通訊工具，讓自己有一個專注的空間。又如可以讓自己養成習慣，不處理那些在你專心做事時發生的事情。針對內部干擾，可能是由於情緒低下或者身心疲憊而不想做的某些事情，這時可以進行任務拆解，先做一些簡單的事情。如有一份報告要完成，可是暫時沒心情寫，那就先拆分出收集資料、找範本，做這些其他的工作。

只有盡可能消除這些干擾，我們才能在自己的身上上投入更多有效的時間。只有投資自己才會成就未來，指望別人那都是不切實際的。

如果別人沒有幫助你也不要抱怨，而要深刻地反省自己是否值得別人幫忙。要想獲得高回報，不要把時間和精力浪費在無意義的事情上，有時間不如多讀兩本書，多學幾門語言，掌握一門專精的技術，這才是你眞正值得驕傲的資本。

第七章

管理的焦點不應該是時間，而是自己

生活的煩惱，
源於我們總妄想控制我們控制不了的東西，
卻不願去做我們能夠控制的東西。

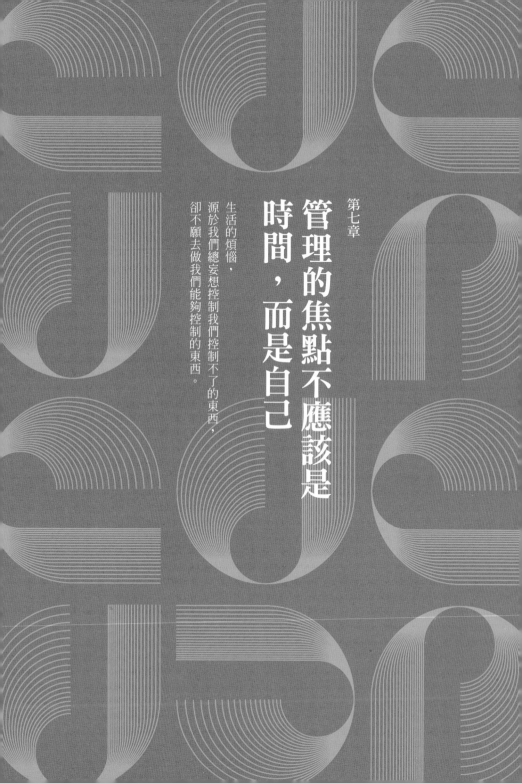

1 管理自我，從做一個心性堅定的人開始

電視劇《大江大河》中，宋運萍和宋運輝姐弟倆因為出身不好，只有一人能夠上學。宋運輝不得不放棄讀書的機會，讓姐姐繼續讀高中。然而，在這種艱苦的環境裡，他也仍然堅持白天工作，晚上念書。

在沒有專業老師指導、學習時間不充足的情況下，僅僅國中畢業的他，硬是憑著一股韌勁和堅定不移的心性，自學了一年，最後以全縣第一的好成績考上了大學。

大學畢業後，他在貴人的幫助下進入國內頂尖的化工廠。這裡人才濟濟，像宋運輝這種沒門路、沒後臺的農村大學生，經常受到各種排擠和孤立。但是，宋運輝並沒有因為這樣就慌張、迷茫，而是一心一意鑽研技術，成為廠裡頂尖的技術人才，最後成了工廠裡的第一把交椅。

宋運輝的命運不可謂不坎坷，然而，不管命運如何阻撓，他都永遠鬥志昂

揚，堅定自若，從來不會因爲困難而害怕。他逢山開路，遇水架橋，當人生陷入絕境和漩渦時，他卻仍然堅持自己的理想，可見心性之堅定。

自我管理，從做一個心性堅定的人開始。也許心性堅定之人並不聰明，運氣也不一定好，但是他們卻能在任何環境中開闢一條適合自己的路。正如克萊斯勒汽車的經典語錄：「如果前方沒有路，那我們就走出一條路。」

但凡成功之人，往往都要經歷一段黑暗無助的歲月。猶如黎明前的黑暗，但撐過去，天就亮了。所謂千里馬，不一定是跑得最快的，但一定是耐力最好的。

這裡的「耐力」，我理解爲「心性堅定」。因爲不管是努力也好，堅持也罷，只有耐得住寂寞，才能守得住。如果心性不堅，就很容易動搖，產生放棄的念頭。所以，在通往成功這段最艱難的路上，要有足夠堅定的心性，才能心無旁騖地跨過去。

蔣老師是一家培訓機構的英語老師，由於教學方法靈活有趣，很多學生都喜歡她，就連討厭上英語的學生都說上她的課不會打瞌睡。

然而在三年之前，她還是一個爲孩子英語成績發愁的全職媽媽。那時剛上國一的兒子非常討厭英語，考試從來沒有及格過，爲了提高兒子的英語成績，報名了很多英語輔導班，但都無濟於事。

後來，爲了給兒子營造一個講英語的學習環境，她開始陪著孩子一起學英語。沒想到，這個舉動不僅引發了孩子學習英語的熱情，還提高了自己的英語水準，讓她通過了難度極高的雅思考試。

剛開始，蔣老師只是抱著死馬當活馬醫的念頭，然而隨著學習的深入，慢慢堅定了陪孩子一起成長的信心，正是由於這種堅定不移的心性，才讓她有了一條截然不同的人生大道。

所以，常常並不是我們不努力，而是在努力過程中常常受到外來阻力和打擊的困擾，以至於心性不堅，難以成就自我。

現代畫家豐子愷曾說過人生的「三層樓」，即人的生活可以分作三層：一是物質生活，二是精神生活，三是靈魂生活。

說到底，不管是精神上還是物質上，人們對於未來的描摹都有自己的定義，這就是最樸素的信仰，心中有信仰，行動才有力量。

一個人無論做什麼，都源於內心強烈的渴望，因爲這種近乎魚對水的渴望才能壓倒一切，讓自己湧出無限勇氣，擁有披荊斬棘的力量。

有一位老人尋求突破自我，六十歲認字，七十歲出書，從目不識丁的老人到後來成爲出版四本書的作家，他以自己的經驗告訴年輕人：「不怕起步晚，千萬別偷懶；不是做不成，就怕沒恆心。」最怕的不是眼前暫時的困難，而是沒有長期堅如磐石般的意志。

生活中，我常常看到許多年輕人一臉憤憤不平地訴說自己的不幸，抱怨自己懷才不遇，總覺得自己遇不到賞識的伯樂。然而，縱使你是絕世難逢的千里馬，也不見你馳騁曠野的絕代風華，總是窩在一個小小的馬廄裡，挑剔草料不好、屋舍太小，哀嘆著一身才華無處安放。

另外有位身殘志堅的青年。他從小患有小兒麻痹症，無法去看外面的廣闊天地，一次偶然的機會，他接觸到了帶給他無限希望和新生的夢想——音樂。

他逼著自己努力學習技能，成爲一名創作音樂人。後來他還組了自己的樂團，參加各種大賽，發行了第一張專輯，成爲家喻戶曉的勵志明星，他就是中國的音樂人余國華。從喜歡到愛好，到一名原創音樂人，余國華付出了常人難以想像的艱辛與耐心。當所有人結束了一天的工作，拖著疲憊的身軀窩在家裡追劇時，他卻忍得住誘惑，耐得起寂寞，在孤獨中閱讀、創作、譜寫樂曲。

正如泰戈爾所說：「生命以痛吻我，我當以歌回報。」命運給了余國華沉重一擊，他卻仍然積極樂觀地面對。沒有專業的優勢，只有對音樂的執著，心性堅定的他以從容的姿態，坦然直面殘酷的人生。

在通往卓越的路上，我們可以結伴而行，但想真正到達終點，不僅需要抵擋飛沙走石的毅力，還要有打敗虎豹豺狼的勇氣，更重要的是要有一顆牢不可破的恆心。

2 越努力越焦慮，是因為你急於看到結果

朋友有個表弟找工作一直不順利，當年他以全縣第一名的身分來到北京念大學，然而在這個人才濟濟的大都市裡，強中自有強中手，雖然他一直很努力，卻早已泯然衆人。

因爲來自偏遠地區的小鄉鎮，他很早就明白努力的重要性。爲了以後能找到好工作，他一直都很用功，早就考了各種證書來增強自己的實力，但等到大四畢業找工作時依然處處碰壁，高不成低不就。

後來，同學們一個個都找到好工作，只有他還在苦苦掙扎。他因此更著急，心想：「爲什麼自己那麼努力，卻依然趕不上別人？」其實他的處境，很多人在生活中都會碰到。

爲什麼你越努力越焦慮？是因爲你急，急著成功，急著看到結果，什麼都想速成，剛付出一點努力，沒有看到進步，就開始煩躁、懷疑、焦慮。一開始你是

爲了目標而努力，後來是爲了焦慮而努力，最後是爲了努力而努力。

大學時期，我們明明沒什麼錢，卻不覺得焦慮，因爲那時我們沒有壓力，沒有負荷，沒有下個月要交的房租和還信用卡的煩惱。大家想法單純，很少考慮超出自己年紀的事，日子當然無憂無慮。

等到畢業五年、十年再聚首，大家自然會聊起各自的家庭、工作、收入、房子等一系列現實問題。

於是，明明很努力又小有所成的你，卻發現比你優秀的人比比皆是。巨大落差之下，你拚命努力，急於證明不比別人差，卻發現目標依然遙遙無期，然後你就更煩躁抑鬱。

英國作家艾倫·狄波頓就曾說過：「生活其實就是一種焦慮代替另一種焦慮，一種欲望代替另一種欲望。」你如此焦慮，只是因爲想比別人更成功，想更迫切地實現自我。

爲什麼現在的人越努力越焦慮呢？皆因我們渴望成功時，恨不得所有努力都能獲得等比級數增長的成果。稍微一點失敗都會讓你挫折，才會越努力越焦慮。

最近我迷上了夜跑，認識了一位原本也喜歡夜跑的朋友。他每次跑完步，總喜歡在社群中秀自己跑的公里數。有段時間他身體不適，忽然有一天傳訊息給我：「我看到別人在秀公里數，心裡既羨慕又焦慮。因爲別人今天做了這件事，而我沒做。」

這似乎是常態，當我們面對別人的努力和成績，自己無法控制又達不到的時候，就會顯得特別無力。你越用力，就越無力，最後只能乾著急。

暑假時，有個大一的學生來學小提琴。當時我還教了兩個六歲的孩子，因爲都是零基礎，所以就讓他們一起學。

三個月後，兩個小學生很快掌握了基本指法，開始學習拉曲子了，而大學生卻因爲手指不夠靈活，一直處於起步階段。

其實，並不是他學得不好，而是有些先天的東西沒法改變。小孩子因爲啓蒙早，手指比較靈活，而大學生起步晚，學校裡還有其他的課程，所以儘管他每天練琴的時間很長，但總是因爲指法不靈活，拉得曲子有生澀感。

因爲看到比他小的孩子進步快，他很焦慮，反覆問我是不是自己沒有這方面的天賦。學習才藝和跑步健身都是一樣的道理，越是著急看結果，越是缺乏耐心堅持下去。雖然大學生的領悟能力很強，在交流上也遠超小孩子，但小孩年紀小，對學琴沒有具體的成果定義和強烈的訴求，也沒有私心雜念，反而學起來更專注。儘管小孩子的領悟力不強，但他們的模仿能力很好，對樂感的辨識度度更純粹，所以學起來非常快。

後來我發現大學生並不喜歡小提琴，只是爲了出國，需要一門能拿得出手的才藝。所以，雖然他學得努力，但是並非出於熱愛，私心雜念多了，就很難感受到事情本身所帶來的回饋。

常常人們焦慮只是因爲無法掌控自己，不能按照自己的意願去取得相對的成就。所以「眞正的努力」是指那些知道自己在做什麼，並能夠堅定不移，不受外界干擾努力達到目標的人。而不是那些看起來很忙，卻總是以各種形式攀比的人。

另外一個朋友開了一家早餐店，而他平時很愛寫詩。他的詩大都樸實，一來他本身沒有太多文學的素養，二來他的詩歌大部分取材於生活，是對生活的解讀和感悟。

對於寫詩，他沒有功利的目的，只是單純爲喜歡而寫。寫得多了，知道他的人就多了，大家親切地稱他爲「早餐詩人」。當地很多文化圈的人都認識他，後來被聘爲某雜誌社的編輯，專門負責詩歌專欄。

如果一個人熱愛自己所做的事情，那麼就不會爲了短期的結果而感到焦慮。相反地，他會爲自己取得的每一次進步而雀躍。

我們之所以越努力越焦慮，歸根究柢就是對「成功」有所誤解。很多人急於看到結果，會爲了成功而做違心的事情。其實，眞正意義上的成功並不是升官發財，也不需要別人的認可和向誰證明什麼，而是找到自己喜歡的事業，且全心貫注地投入其中。只有這樣才能在漫長的人生路上，破除焦慮，讓你的努力看到結果。

3 誰能平衡時間，誰就能掌控生活

阿豪還不到三十歲，就已經忙著開第二家分公司。群組裡的他不是在法國薰衣草莊園喝紅酒，就是在高檔法餐廳品嘗美食，似乎每天都不用工作。

身爲一個年輕的CEO和高級護膚講師，他的時程並沒有我們想像中的輕鬆。他每天有不低於五次非重複性的護膚講座，每場講座只有半小時，但每一次的課程都是他親手編寫，從不假手他人。

他很忙，但是從來不會連續工作，而是忙裡偷閒，讓自己快速得到放鬆。例如在會議中場休息時間玩玩手機裡的小遊戲，週末一個人野釣或者跟朋友聚會等，讓自己從緊張的工作之中暫時抽離出來。

儘管每個月他有一半的時間都在出差，但從來不會超負荷的工作。對於他的生活，他這樣描述：「確實工作是爲了更好的生活，但工作也是生活的延伸和日常的一部分。兩者沒有嚴格的差異和明顯的分界，更不存在非此即彼的說法。」

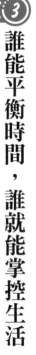

他之所以看上去工作輕鬆，又能享受生活，實際上，他只是在工作和生活間尋找到了更平衡的生活方式。他貼在群組的照片，也只是在享受忙碌的工作之餘難得的休閒和放鬆。

過了三十歲，你覺得人生一無是處，沒有耀眼的光環，沒有理想的工作，也沒有令人敬仰的事業。一切不過是疲於奔命，趕赴一場又一場疲憊而又乏味的宴席。反觀那些成功者是你理想中的樣子，但偏偏你那麼努力，卻永遠也無法達成所願。

事實眞的是這樣嗎？其實他們忙碌的時候你永遠看不到，正如冰山的下面永遠都藏著一座更大的冰山。你看到的眞相，只是他們忙碌工作後的片刻休閒。之所以他們看起來更輕鬆、閒適，是因爲他們掌控了自己的生活，體驗更平衡的生活方式罷了。因此，誰能平衡時間，誰就能掌控生活。

對大多數人來說，與其糾結過哪一種生活，不如學著掌控自己的生活，找到生活和工作的平衡點，享受每一次人生體驗。

工作是爲了享受生活，生活又是爲更好地工作，要找到平衡點才能掌控自我。享受忙碌的世界，也需要有安靜的角落。人不是永遠上緊的發條，不可能永遠充滿活力，工作之餘需要適當休息，爲下一次的工作加滿油。

當設計師時，我曾被一個零件的設計卡住了，整整一個月沒有任何突破。連續一個月都在忙著查手冊、找資料，畫了無數次的設計圖，但都無法突破極限，達到客戶的要求。

那時，我每天連續工作十二小時。白天在公司裡畫圖，晚上回家也沒有時間陪家人，還得繼續查找國內外成功案例。甚至我連說夢話都是關於設計方案的。就這樣，試驗了無數次，我還是沒有任何收穫。

後來，我因爲設計受阻，情緒總是起伏不定，煩躁、失眠接踵而至。在家人的央求下，我放下煩惱，陪他們去泡溫泉。

在身心得到解脫之後，我忽然被一個遊樂設施激發了靈感，順利完成了設計任務。可見超負荷的運轉並不能讓你取得意想不到的成果，反而會阻塞你的靈感。

寫這本書之前，我收到過很多讀者的來信，大都是關於工作上的不如意，像是沒有努力的目標，找不到未來的方向等，其實這些都是因爲自我管理混亂。工作不如意，失去努力的目標，你就要想一想是不是在工作的時候沒有盡心，是不是花在其他的時間太多。當一件事情做得太糟糕，那一定是生活的天平出現了不平衡。你花在工作上的時間變少，就沒有更好的業績來展現你的能力。

一位有兩個孩子的媽媽說，她原來是一位幼稚園老師，因爲沒人帶孩子，所以辭去了幼稚園的工作。如今想進修找一份適合的工作，卻苦於沒有時間念書。她說自己每天光帶孩子就已經身心俱疲，一打開書本就想打瞌睡。等孩子休息了，還要抓緊時間洗衣服、買菜、做飯等等，根本沒有時間念書。

我們職業研修班的一位學員也是兩個孩子的媽媽，在我的建議下，她白天把老大送到幼稚園，晚上寫功課交給爸爸。她一邊帶著小兒子，一邊在網路進修營養師的課程。這當然很累，但她將學習、照顧小孩及休息的時間平衡起來，不僅能夠讓自己精力充沛，還順利拿到了營養師的資格。如今她自己創立的團隊幫客戶做營養膳食，不僅比全職收入高，時間更自由，每年還有時間帶全家出國旅遊。

這位媽媽能夠平衡自己的時間，主要是充分利用了自己「不被打擾的時間」。我們每天二十四小時，每個人都有公平的三個八小時，第一個八小時都在工作，第二個八小時都在睡覺，人與人的區別，其實主要是第三個八小時創造出來的。要做到合理的時間管理，就要善用第三個八小時。怎麼利用呢？我們要找到自己「不被打擾的時間」，爭取每天都有一段不低於二到四小時的時間。然後分清時間的交易、消費和投資。你花時間工作會有工資，這叫交易；你花時間看電視，這是消費；如果你花時間學習，那就是投資。保證你「不被打擾的時間」只能用來投資，當然最重要的是持之以恆，不能只是心血來潮。

知識大爆炸時代，我們要盡量平衡工作和生活。如果一味視工作至上，生活就會一塌糊塗；如果一心只關注生活，那麼很快就會與時代脫節。要想遇見更好的自己，就要儘早學會平衡工作和生活的關係，掌控你的生活，進而掌控你想要的人生。

4 用行動代替恐慌，停止無效思考

有個朋友留過學，也在海外創業過，經歷頗豐，現在有一個很棒的計畫要找我合作。見面時他如數家珍地談起自己的經歷。他發現目前還沒有一部作品能反映他們這一代人當下的生活，於是他想到一個賺錢的點子，找幾個和他經歷類似的人，創作一部關於「七年級生」的時代劇。首選是劇本創作，其次才是小說。

對於自己的想法，他顯然很興奮，覺得自己的想法很獨特，角度也新穎，一定能賣。我說：「那說一下大綱吧。」他說這不成問題，等他策畫好了再給我看，分別的時候，他穩操勝券地告訴我，等完成了大綱馬上跟我聯繫。

於是我等了一個月，杳無音信。待下次見面時，我問他大綱寫得怎麼樣。他意猶未盡地說因爲太興奮了，他還沒有開始寫，而且現在比之前又有更好的想法，要我繼續耐心等。

半年過去了，他的大綱依然沒有動靜，直到前幾天我透過另外一個朋友才知道，他出國打工去了。

生活中，這樣的人不在少數。他們的點子天馬行空，總臆想著不存在的成功。但過上一段時間你會發現，他們所有的思考都只停留在言語上，根本沒有有效地付諸行動。但過不了多久，他們又會拉著你展望下一個完美計畫。

不要在乎計畫是不是完美，要先行動。不要害怕最終能否成功，要不斷去嘗試。如果你只是想得過多，不付諸行動，一切都是白費。再多的美好，你沒有眞正行動起來，只能是無效思考，白白浪費時間。要用行動代替恐慌，停止無效思考，哪怕只去完成一個小小的目標。

最近很多朋友想「改變自己，提升自我」「有很多工作的計畫」「想自己創業」等等，但我發現他們大都在執行之初，就因爲各種各樣的理由使得計畫流產。

很多偉大的發明都源於異想天開，但讓這些異想天開變成事實，唯有行動。

有段時間朋友覺得自己很浮躁，應該靜下心讀一讀書。於是他花了一整天的時間，爲自己列出了一份詳細的讀書清單和每天固定的讀書時間，而且爲了讓自己擺脫惰性，還採用了打卡的方式。

結果第一週他順利完成了，第二週開始就狀況百出，不是今天太累就是需要加班，計畫一拖再拖。到了年底，他發現自己大部分書還沒有讀完，更別提精讀和細讀了。

常常計畫做得好與不好並不重要，重要的是付諸行動，再不好的計畫在執行的過程中，也會被一步步完善補充。但是沒有付諸行動的計畫，再完美也只是一份計畫，想得再多，最終也只是徒勞。

朋友的弟弟畢業不到一年，已經連續換了五份工作。家裡人問他，爲什麼頻繁換工作。他說這些工作都達不到他的預期，像他這麼有能力又有想法的人，應該有更好的工作。

但實際上，朋友的弟弟連份PPT都做不好。請他寫一份企畫案，他把別人的案子批得一無是處，還說自己有更出色的想法，只要他出手，絕對沒問題。然而交給他負責後，他卻遲遲拿不出方案，還振振有詞地爲自己辯解，不是做不出來，而是因爲文思泉湧好的想法太多，一時不知道該用哪個而已。

在如今競爭激烈的職場中，按時有品質地完成手頭的工作，是最基本的素養，連最基本的東西都做不到，難道別人還會交給你更重要的任務嗎？

前幾天，朋友說自己有個同學自費出書了，銷量很好，還送了他一本。朋友酸溜溜地說：「我寫得比他好多了，他那麼爛的文筆都能出書，讀者的眼睛難道都瞎了？」然後開始抱怨命運不公，自己滿腹經綸卻無人賞識。他朋友的才華好不好我不得而知，但是不管別人寫得有多差，至少別人做到了。而他的想法再完美，在沒有實現之前，永遠只能是空想。

與其臨淵羨魚，不如退而結網。很多人都是言語上的巨人，行動上的矮子，常常對別人的成功說三道四，自己卻只想不做。成功者才有資格評判別人，而那些空想主義者，永遠只能羨慕別人的成功，抱怨命運對自己的不公。

正如恩格斯所說，判斷一個人當然不是看他的聲明，而要看他的行動；不是看他自稱如何如何，而要看他做了些什麼。

如何有效行動呢？我通常使用兩種方法監督自己。

第一，選對多工模式的類型。我們都知道一心多用的風險，人不能同時完成好幾件事。但有些活動並非如此，例如每個人都能輕鬆地一邊聽有聲書，一邊運動、做菜，如果你是一個人用餐，也可以邊吃邊聽有聲書。

第二，注意每天特別容易浪費時間的時段。例如我不希望浪費太多的時間在社群媒體上，但是我發現晚上十點到十一點間，是我最容易分心的時段，這個時間段最愛看社群網站。所以每天這個時候，我都會提高警覺，防止自己虛度時間，安排自己運動或看書。

職場中，我們要想在人才濟濟的大環境裡脫穎而出，靠的不是空想和說漂亮話。話說得再漂亮，想得再多都沒用，不如實實在在把這些靈感變成行之有效的方法。請停止無謂的空想，用行動去戰勝內心的恐慌吧！

5 你的努力需要有目共睹，也需要廣而告之

豪軒從就職到現在已經做了八年的設計。這期間他兢兢業業，工作一絲不苟，凡是經手的設計，總能保持品質地完成。但除了相關部門同事外，他和其他人很少打交道。所以，雖然每年優良員工評選都有他的提名，但由於很多人不認識他，選票總是寥寥無幾。

所幸部門主任賞識他，告訴他你有能力、有才華，不能就這樣埋沒自己，蹉跎了時光。部門主任教導他不要總是默默無聞地埋頭苦幹，還要學會適時展現自我，這樣，才能讓更多的人看到他，贏得更好的機會。

然而，說來容易做起來難，他天生不是那塊料。部門裡才藝比賽，他沒有才藝，於是就不參加，演講比賽也不敢參加，甚至就連開員工大會，請他代表本部門說幾句話，他也戰戰兢兢，說話結結巴巴。

主任退休後，職位很快被新來的實習生接替了。雖然能力比豪軒差一點，但

勝在溝通能力強，和各部門的人員都很熟悉。

每次開會，老闆拚命向我們灌輸「要想升職加薪，就先得學會埋頭苦幹。你成績斐然，大家有目共睹，老闆想不給你加薪都難」的思想。確實，很多人在職場中都奉行這條法則。勤勞地工作，腳踏實地從小事做起，從一點一滴開始累積，然後數十年如一日地奉獻，靜待開花結果。然而等到果實快要成熟時，忽然有人比你努力，又會表現自己，於是到手的成果轉眼就成了別人的囊中之物。

你憤怒嗎？怨恨嗎？不，你沒資格。在你錯失了表現自己的機會時，就已經失去了這個競爭的資格。

老話常說：「酒香也怕巷子深。」再好的東西，也需要適當地展示和宣傳。如果你夠優秀，就要表現出來。不是你有能力才華、夠優秀，大家就會重視你，要想受到大家的重視，就要學會展現自己。

小宋是新員工，大學學的是臨床醫學，卻選擇了美容行業。一開始小宋覺得自己是新人，不敢與同事爭功。帶他的主管很厲害，但是有四個助理，還都有三年以上的工作經驗。所以，每次有出國進修的機會，小宋都默默地自動退出。

有一次，主管被派去法國學習，要求只能帶一個助理，而且要求很高。雖然公司配有法語翻譯，但還是要求助理能進行簡單的法語交流。這次進修的機會很難得，如果表現出色，還可以直接晉級爲初級講師，所以競爭非常激烈。

那時小宋還是一個新人，法語也是進公司後才開始自學的，機會渺茫，但他很想爲自己爭取一下。

於是，他主動找到主管，大膽說出了自己想爭取這個機會的想法，也向主管展現了自己的優點，並現場進行了法語對話。雖然他開始有些緊張，但整體表現可圈可點。就這樣，小宋爭取到了這次機會，去之前他還做了很多功課，最後在法國之行中表現突出，被主管推薦和公司簽約，成了一名初級美容講師。

幾年以後，小宋不僅成爲出色的高級講師，還創立了自己的分公司，不到三十歲就坐擁上億身家，成了別人眼裡的成功人士。

只要你有能力、有才華，敢於表達自己的聲音，這個世界就會記住你，並爲你提供最好的舞臺。我們總是抱怨自己沒有得到晉升的機會，卻沒有想一想是不是自己只顧埋頭苦幹，忘了向世人宣示主權。當今職場，不但要求你有卓越的技術水準，還要求你勇於表現自己。

人們評價一個人低調、謙遜，是因爲大家都認可他。他的謙遜和低調，可以爲他帶來更多的機會。而在你還沒有被大家所認可之前，你要做的就是適時展現自己，發出自己獨具特色的聲音，用自己的特質和能量去征服別人。

玲玲還是實習生的時候，常常因工作拖拉、做事不積極主動等而被上司批評。玲玲很委屈，因爲每次上司問的時候，她的工作基本都完成了，沒有彙報結果是因爲還在等合作部門的回報。

後來，有位同部門的前輩悄悄告訴她，工作做得好不好，不是指你做完就算，還要懂得彙報，不管進行到哪種程度，上司需要掌握整個工作的進度，以便向上級彙報，所以不能總是埋頭做事，要適時彙報。

人們常說：「好馬長在腿上，能人長在嘴上。」優秀的員工，不僅要有踏實肯做的本領，還要有展現自己能力的勇氣，才能在衆多職場人中脫穎而出。簡言之，做爲一名眞正有素養有能力的優秀職場人，你的努力，需要有目共睹，更需要廣而告之。

如今在職場，默默無聞地埋頭苦幹，只能得到相應工作的薪水。要想獲得更進一步的成就，還需要學會展現自我。在合適的舞臺上展示最好的你，就能贏得別人的賞識和尊重。

第八章

在有限的時間裡，打造你想要的生活

敢於做自己，敢於表達自己，敢於取悅自己，才能在這紛亂的世界中站穩自己的位置，活出自己的格局。

1 人才充分發揮優勢，庸才不斷彌補短處

法國作家大仲馬早期是一個窮困潦倒的青年，他一無所長，在家鄉一直找不到工作。後來到了巴黎，找到父親的老友，請他幫忙找一份謀生的工作。

當父親的朋友問他有什麼優點時，他卻回答不來。數學、歷史、地理、法律等等，他全都不精通。無奈之下，父親的朋友只好請他把住址留下來，有合適的工作再通知他，然而他寫完地址後，那位老人欣喜地誇他字寫得好。

老人語重心長地跟他說：「字寫得好就是你的優點啊，你不該只滿足於找一份糊口的工作。既然字寫得漂亮，就能把文章寫得漂亮；把文章寫得漂亮，就能寫書；把書寫得漂亮，就可以去當作家，甚至以此爲生。」

就這樣，這位「一無所長」的潦倒青年，在老人的鼓舞和指點下開始寫文章，最後成爲家喻戶曉的大作家，留下了很多膾炙人口的文學巨作。

你有沒有過這樣的經歷？聽別人炒股賺了錢，就恨不得把所有的錢都拿出來

買股票；看到別人寫作賺了錢，出了名，就不顧一切地開始動筆。剛寫幾篇狗屁不通的文章，就天天做夢賺稿費，賣出版權。

冰凍三尺，非一日之寒。任何事情都不是一蹴而就，需要興趣、愛好以及長期的累積。天才就是要充分發揮自己的優勢。只有那些看到別人成功，就想東施效顰的人才是庸才。要想在有限的時間裡，打造你想要的生活，就要懂得揚長避短，發揮自己的長處，而不是一無所知地盲目跟風，從事自己根本不熟悉的行業。

當然，我並不是鼓勵大家故步自封，而是在從事任何行業之前，都要做好功課。因為不管在哪個行業裡取得成功的人，都是在自己擅長的領域裡獨領風騷。

我們羨慕拿著千萬年薪的遊戲主播，而自己根本不會玩電玩還想投身其中，這完全是在浪費時間。有這種時間和精力不如在自己擅長的事情上下功夫，只有這樣才能在有限的時間裡打造自己，成為你想成為的人。

電影《狗十三》裡，深愛物理的主角，卻偏偏按照父親的意願報了英語班，參加英語演講比賽。結果在上臺之前，因為過度緊張，突然忘詞，只好中途退出，這讓前來觀看他演講比賽的父親無比失望。

失之東隅，收之桑榆。雖然在英語演講比賽中落敗了，但喜歡物理的他，瞞著家人偷偷參加了物理競賽，卻意外獲得了一等獎。

常常我們都只著眼於眼前的成功和失敗，沒有更好地了解自己、認識自己，找到優勢，發揮潛能。

成功具有偶然性，又存在必然性。我們不可否認運氣的成分，但大凡在某一領域有所建樹的人，在此之前都一定在該領域浸淫多年。

看到別人的成功就邯鄲學步，只會成爲紙上談兵的趙括。人貴在有自知之明，做不擅長的事，只會跌得更狠，摔得更慘。

沒有人從一開始就很偉大，即使一開始你的優點並不突出，但只要不斷地學習、成長，就會由此擴散、慢慢放大，最終長成參天大樹。

我曾經在網上看過關於一位「問題兒子」和母親之間互動的故事。母親剛參加完幼稚園家長會，一臉憂傷。因爲老師告訴她，她的兒子有過動症，在教室裡連三分鐘都坐不了，母親聽了很傷心。在回去的路上，他看著兒子充滿期待的小臉，很高興地告訴他，說老師表揚他了，原來在板凳上坐不了一分鐘，現在終於可以坐三分鐘了。那天晚上，一向挑食的兒子居然吃了兩碗飯。

後來兒子上了小學，老師告訴母親，說他兒子這次考試是班上倒數幾名，懷疑他智商有些障礙，建議他帶孩子上醫院看一看。

回到家裡，母親看著安靜乖巧的兒子忍痛告訴他，說老師誇他很聰明，就是不細心，如果下次能細心些，肯定能考贏他同桌的同學。第二天，他發現兒子起得比平時都早。

等到兒子上國中、上高中遇到類似的問題，他同樣以肯定孩子的優點的方式來激勵他。然後，他發現兒子越來越自信，變得越來越出色。後來，兒子以優異的成績考上了好大學。

在生活中，我們或多或少都會遇到和故事裡母親一樣爲難的事情。如果我們也能夠看到孩子身上的優點，肯定地鼓勵他，那麼他也可能就會成才。如果我們對他不聞不問，失去信心，那麼就有可能失去一個「人才」。

在職場中，如果上司斥責手下無能，只會令他越來越接近無能，天長日久，他終於變成了你討厭的樣子；而聰明的上司則會發現並肯定他的優點，然後中肯地給出建議。慢慢地，你會發現他越來越出色，工作做得越來越符合你的要求，終於可以獨當一面，成爲你最得力的助手。

《選擇做自己最擅長的事》一書中提道：「不同性格的人有不同的人生屬性，要對症下藥，揚長避短，才能把握自己的命運，掌控自己的未來。」如何發現自己的優點是我們人生當中最重要的一課，它可以讓我們節省更多時間，找到更適合自己的道路和方向，集中精力去突破現狀。

所謂優秀的人，都是發現自己的優點，並進行有效時間的投入，才會變得如此優秀的。那他們是怎麼抓住有效時間投入的呢？我總結了以下幾點，可供大家參考學習。

第一，有效利用間隙時間。對於短暫的間隙，也許有的人不會重視。我常說：「嘲笑十五分鐘的人，也許會陷入爲十五分鐘而哭的境地。」如果我們利用上下班的通勤時間，用手機播放軟體學習課程，最好事先在大腦裡裝滿問題和相關資訊，這樣，無論在多麼擁擠的交通工具上，都能完成思考。

第二，把一天變成二十四小時以上。我們用一些技巧提升時間的使用效率。例如出差時，可以多花點錢坐高鐵，然後利用坐車的時間做些事情。即便在車上什麼也做不了，只是幫你消除了疲勞，這樣到達後就能有效利用接下來的時間，不用再花時間緩解疲勞。如果時間價值比較高，就值得爲此花費金錢。另外，也可以「分享」他人的時間，最有效的方法就是請教他人。

第三，「過得去」的原則。做事情的時候，很多人都想先一心一意地完成最重要的事。無論什麼工作，每天總有一些緊急的工作需要先完成，這時候我們可以用「過得去」的原則，去處理一般的日常性工作，能節省出更多的時間。這個原則指的是，不追求品質地快速完成，有時間的話，再做進一步完善。這就像考試中，要先完成所有題目，有剩餘時間了，再去檢查驗算。

事實上，沒有誰在各方面都比別人優秀。所謂天才，只不過是充分發揮了自己優勢；而庸才只會不斷彌補自己的短處。只要你在某一個方面超過別人，你就贏了。正如世界是平的，只要你凸起米粒般大小的高度，你就是聖母峰。

2 沒有天生註定，只有合理的選擇和正確的方法

阿春花五個小時做了一件事，因爲時至初春，家人想吃餃子，於是她早上花了半個小時買菜，然後從下午兩點開始，一個人忙到晚上七點才做好五人份的餃子，累得筋疲力盡。

其實，花大量時間去做一件低成本的事，不僅讓自己痛苦，還浪費了人力、物力和時間。那麼，有沒有更好的方法讓大家解脫出來，去創造更多的價值，在有限的時間裡，打造自己想要的生活呢？

現在讓我們重新回到開頭，算算花費五個小時做的這件事的經濟成本：豬肉餡一百六十元，薺菜二十元，麵粉折合二十元，蔥薑油鹽調料按二十元計算。也就是說，這頓五人份的餃子，阿春一共花費的經濟成本爲二百二十元，時間成本不低於五小時。如果是叫外賣，約五百元。簡言之，在這五個小時裡，他只創造了兩百八十元的價值。

當然有人會說，叫外賣不衛生、不健康，但她可以在這五個小時裡，做更高價值的事情。如果她是高級產品的經理，那麼創造的價值更是超乎想像。

往往不是我們不努力，而是因爲沒有用對方法，反而勞心勞力，最終只換得筋疲力盡和虛弱不堪的病體。

活得辛苦也許是我們沒有找到自己的定位，長時間從事低成本且專業度不高的工作，才會一步步被時代所摒棄，最後自己變成了你討厭的樣子。

所以沒有誰是天生註定的，成爲什麼樣的人完全取決於你自己，能成爲什麼樣的人，只是我們對人生是否做出了合理的選擇，用對了方法。

小張是一家研發公司的技術員，每完成一個案子，他都要做一份成本核算。而一個專案至少有幾百個產品，有時甚至有一千多個零件。這份新產品成本核價表包括材料尺寸、材質、重量、加工工時費用等。難度在於公司的產品專案表和生產用的工時統計表內容不同步，不能直接黏貼複製進行成本核算，需要篩選。所以，每次做成本核算，他都要專門組織五六個人一起分工，算加工費和材料重量，然後一個一個手動輸入，耗時又費力。

後來，大家一起找方法，設計了一套專門的成本核價範本，利用Excel的函數引用功能，成功地解決了篩選的難度，也簡化了工作流程，還節省了人力物力和時間成本，一個人就可以輕鬆搞定，省時又省力。

因爲方法改進，往常大家最頭痛的工作，居然成了人人都想爭取的涼缺。俗話說：「沒有醜女人，只有懶女人。」同樣的道理，職場中沒有笨人，只有不願意動腦得過且過混日子的人。

在管理方面，管理者應該學會放權，把主要精力放在重要的事上，不要管太多雞毛蒜皮的零碎事情。其實成功沒有什麼祕訣，就是在於找對了定位，選對了方法，然後用心去做就行了。

黎萱是我見過朋友裡做得最優雅的網路賣家。很多網路賣家的朋友每天睜眼三件事——推文、推文還是推文。來勢洶湧、鋪天蓋地地強推，逼得我不得不封鎖對方。

但黎萱不是這樣，她的推文都是閒適的、優雅的日常生活，每一種都眞實自然。後來，我傳私訊笑她是不敬業的賣家，結果卻被她嘲笑想法僵化。等到我看見她的知識分享群組裡，才發現她每天都在分享群裡做免費知識分享，護膚的、美白的、減肥的、情感釋放的以及有關婦科病的專業知識。

如今，她不僅擁有自己的團隊，還開了子公司。關於創業，她用自己的切身體會告訴大家，任何事情要做到對別人有用，才能獲得別人的信任，用戶才會來買你的產品。

所以當你做事情感到困難，一團慌亂時，就要想一想是不是自己用錯了方法，排除錯誤的方法，找到對的方法這很重要。合理的選擇和正確的方法，能夠使我們節約很多時間，使時間利用效率最大化。

在時間管理上，我們把所有的事情在不同的環境下區分成兩種：變與不變。不變的事情，指的是那些每天固定要做的事情。排除掉這些事情，每天我們還空閒出多少時間，能否去做額外的一些事情，這就是變的部分。假設今天有個會議，那麼你可以提前思考，在會議議程當中，有哪些事項是必須要討論的，這些事項是不變的。那麼有沒有哪些不在議程上的事項可以拿出來商討，這些事項就是變的部分。

把所有事情分成這樣兩個部分，一方面會對自己時間更有掌控感，另一方面，還可以在變的部分進行更多的嘗試，把時間的效益最大化。

區分不同的事情，選對做事的方法，往往會達到事半功倍的效果。人生路上，沒有一成不變的準則，也沒有千篇一律的方法。同一件事情，不同的人去做，也會產生不同的操作辦法，只要你找到最適合自己的方法，就能夠按照自己的想法，在有限的時間裡，做最想要的自己，過最想過的生活。

3 敢於取悅自己，活出自己的格局

小張因爲忙大案子搞得昏天暗地，天天開會、寫方案，除了必要的活動，剩下的就是工作，每天只能休息五個小時。

朋友找他吃飯沒時間，老婆請他看電影也沒有時間。連續一週下來，腦袋昏昏沉沉，人也沒有精神，還整天處於焦躁狀態，壞脾氣一觸即發，接著他就開始失眠了。

沒過多久，身體也出現了異常疼痛。等到醫院做了檢查，才知道自己因爲長時間伏案工作，頸椎彎曲，接下來就是要做治療和各種康復訓練。

等症狀緩解後，醫生叮囑他目前這種情況還好，以後千萬不能拿自己的身體開玩笑，保持一個良好的心態和健康的身體，才是你應該努力的資本。

當時他跟醫生說：「我經常緊張著急，管理不好情緒。」結果醫生悠悠地說：「有什麼好著急的呢？我病人這麼多，那我不就整天處於著急慌亂的狀態。」是啊！還有什麼事情比健康更重要的？

在電影《芳華》中，女主角來自農村，所以常常受到別人的白眼、嘲笑和排擠，但她還是為了理想咬牙堅持。她面對外人的歧視仍堅持自己，深深打動了我。尤其是那段獨舞戲，她在草坪上翩翩起舞的影像一直在我腦海裡揮之不去。黑漆漆的夜晚，沒有絢麗的舞臺，更沒有漂亮的演出服，甚至連個觀眾都沒有。即使這樣，卻讓我看到了一個身處黑暗，卻嚮往光明的少女。因為她在為自己而跳，為自己而舞。

我在獨自堅持的女主角身上看到了曾經的自己，為了實現我的文學夢，即使沒有人支持，我也堅決辭去了工作，艱難地開始了筆耕不輟的生活。

敢於做自己，才能在這紛亂的世界中站穩位置，活出自己的格局。確實，這世間能救贖你的只有自己，把希望寄託在別人身上，也許會得到短暫的滿足，但是保證不了永遠的安寧。因為別人永遠是別人，自己的需求只有自己最知道。一旦這些關係中途斷裂，那麼最終能依靠的還是自己。

在電影《刺激1995》中，銀行家安迪在得知自己入獄的真相時，曾寄望於典獄長重新審理自己的案子，證實自己的清白。然而，典獄長為了安迪能繼續幫自己做假賬，以及為了防止他假釋，殺死了唯一的知情人。最終，安迪憑藉自己的力量，成功地得到了靈魂的救贖，還救贖了唯一曾經幫助過自己的朋友瑞德。

是的，這個世界只有你能拯救自己，只有取悅自己才能活出應有的格局。在現實生活中，又有多少人敢承受別人的目光，坦然地取悅自己呢？

同事小麗是一個漢服迷，為了這個愛好，不但經常上網學習漢服知識，還網購了一大堆自己喜歡的衣服。原本以為她只是在家裡穿穿，給自己的生活增添些樂趣。誰知，有個週末我們同事一起聚餐時，她居然穿了一套漢服，看著她一臉坦然地迎接所有人好奇的目光，我忽然很佩服她的勇氣。

當然也會有人說，只顧取悅自己是自私的表現，但這就大錯特錯了，取悅自己，是為了更能接納自己，包括自己的不足和失敗。

小陳是個什麼都不會的應屆實習生，雖然他在學校時各門功課都很出色，但在工作中遇到實際的問題時，就束手無措了，甚至連一份文案都寫得慘不忍睹。更難堪的是，上司曾當著衆多人的面，將他整理的檔案重重地甩到地上。

經過這件事情，他認清了自己的不足，為了儘快滿足公司的需求，認真學習專業知識，努力提升自己。

如今，他已經成爲公司的中流砥柱。如果當時他沒有想到取悅自己，沒有透過認知自己的不足並加以改進而得到上司的認同，反而只是去巴結上司，那麼最後，小陳只會落得被公司解雇的下場。

在網路裡，我們常常能見到很多特立獨行的人，他們爲了自己的夢想選擇了與主流背道而馳的職業。不少人在看到他們的時候，或多或少都有一定的鄙夷。然而用有色眼鏡輕視他們的同時，卻也羡慕他們的成功，於是就把各種惡毒的言語無情地附加在他們身上，但是當衝破世俗偏見的人到達令人敬仰的地步時，就會得到大家的尊敬和佩服。

學會取悅自己，遵從自己的內心，有一個很重要的方法，就是「時間精算」，學會計算自己時間的價值。很多成功人士在管理時間的時候，都會計算他們的時間客觀上有多大價值。這個價值不一定是市場價值，也不一定和每小時的薪資有關，這裡的價值指的是在他們內心覺得時間有多少價值。例如當你猶豫究竟是自己洗衣服，還是花錢送洗的時候，你要想想在這段時間裡你還可以做什麼更有價值的事情。如果你難得有一個週末，並且眞的很希望和朋友聚一下，你可能就會覺得送洗更有價值。如果能計算時間對你的價值，你就能簡化很多決定。

當然，這裡說的是你不喜歡做的事情，如果你很喜歡洗衣服，這樣計算就沒意義了。

計算自己時間的價格，學會用可以接受的花費去交換自己的時間，這樣我們才能有時間取悅自己。

取悅別人，不如取悅自己。眞正取悅自己，並不是爲了別人而活，也不是活成別人眼中的自己。而是眞正從自己的內心出發，用自己的方式，過一種更有意思的生活，讓未來的每一天都充滿希望和期待。

4 跟不喜歡的事說「不」，把時間用在熱愛的事

我有個學新聞的學長考試成績很好，但他不喜歡自己的專業，之所以報考新聞專業，是因爲他父母都在新聞界，希望他將來能繼承自己的衣缽，因此除了考試，平時他很少在教室出現。

比起新聞專業，他更喜歡研究服飾，因爲喜歡刺繡，他收藏了很多作品，而且還瞞著父母跑去蘇州學習雙面繡，當他的父母知道他這個喜好，極力反對。

後來學長畢業後，勉強自己當了幾年記者，就辭職開始做起了手工藝職人。他的老師是某項文化遺產的傳人，因爲家中沒人喜歡這門手工藝，老師就把全部技藝都傳給了他。沒過幾年，學長就成了這領域的大師，他經手的作品，不僅多次獲得國際大獎，而且還遠銷海內外。

現實生活中，父母的希望與我們的喜好往往不同。然而，爲了孝順父母，你理所當然地接受他們的安排，收起自己所有夢想，過著一眼就能看穿的人生。

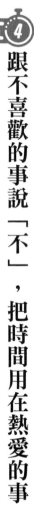

勇敢對自己不喜歡的事說「不」的人，才能眞正爲自己而活。當我們堅持做自己，不爲別人的想法改變自己時，把時間和精力用在我們喜歡的事情上，才會向自己設定的生活邁進。

孟子說：「求我所必求，爲我所必爲；當取擇取，當捨擇捨，如此而已。」大凡有所作爲之人，都是在做自己喜歡的事。因爲只有做自己喜歡的事，才會盡全力將其做到極致。

有位朋友是外商的高階主管，年薪百萬的他是我們衆人眼裡的成功者，然而他自己並不喜歡這樣的生活，每天不是在開會，就是在去開會的路上，經常有接不完的電話，應酬不完的生意，還要見一些不喜歡的人。

虛與委蛇的生活，讓他覺得生活非常不眞實。雖然他是幹練的職場人，但他最喜歡的卻是陶淵明式的田園生活。

就在不久前，他做了一個令人震驚的決定。辭去了工作，跑到遠離大都市的鄉下買了一間老房子，然後將其打造成自己喜歡的民宿，還自己動手燒製喜歡的陶藝和製作傢俱。如今，他的民宿成爲很多人度假休閒的首選，他也過著自己夢想中的生活。

現實生活中，每個人都有自己想要做的事，但很少有人敢於眞正做自己。

表哥曾經是一家銀行的職員，在我們看來，他家庭殷實、事業有成，美好的生活才剛剛開始。況且他業務能力突出，工作不到三年就被破格提拔爲分行經理。

然而，令我們所有人意想不到的是，他上任不到一個月就辭職去環遊世界了。辭職後的他，一邊旅遊一邊做代購，拍紀錄片，還出了一本關於旅遊的書籍。現在，他身分爲資深的旅人，在一個環球旅遊節目擔任記者。

彼之蜜糖，我之砒霜。雖然表哥在銀行的工作讓人羨慕，但是他自己不喜歡那種朝九晚五、按部就班的生活，所以即便所有人都覺得那份工作很好，他卻做得不開心。於是，他辭去了別人眼中令人稱羨的工作，做自己喜歡的事，甘之如飴。

人生沒有很多個如果，逝去的時光也不會從頭再來。現實如此冷酷，我們還要在不喜歡的事物上蹉跎一輩子。其實，有時候我們只需要鼓起一點點勇氣邁出第一步，就有機會在有限的時間裡，做自己想做的事情，過自己想要過的生活。

我們不可以選擇自己的出身，但可以選擇自己想要的東西，做自己喜歡做的事情。如何才能擁有更多時間去做自己喜歡做的事呢？這裡我提供三個方法，幫助大家有更多時間做更重要的事情。

第一，爲所有要做的事情留出完整的時間，並且規畫好時長，例如面試要用一個小時，產品測試要用九十分鐘。這個方法可以防止你在一件事情上浪費更多的時間，當時間一到，就可以停止。

還要留出專門的時間去思考，我建議每週至少留出三次「沉思時間」。在「沉思時間」裡，不接任何電話，也不查閱電子郵件，只是安靜地進行反思。

第二，一次只做一件事。當你非常忙碌時，就會試圖同時進行多項工作。這時我們一定要壓抑這種衝動，專注於一項。例如當你打電話給客戶時，就要集中注意力，而不是一邊打電話一邊查閱電子郵件。如果你同時進行多個工作，最後只會每項都只是還好而已，一次只做一件事的效果會更好。

第三，每週開始的時候，列出一到三件爲了推動工作進度最需要做的事情。最需要做的事情往往會很複雜或者難度比較高，人們很容易把這些事情拖延到之後去做，所以你需要每天重溫一遍，確保自己沒有偏離正確的航道。

我們要堅決去做自己愼重選擇後認爲重要的事情。也許在一開始，你的選擇並不被看好，但自己卻可以活得開心。因爲喜歡和熱愛，我們可以爲之努力，竭盡全力做到極致。當時間的累積讓理想的種子發芽成長時，那麼等待我們的就是開花結果，從而成就最好的自己。

5 挪出一點時間，過自己想要的生活

我曾在車水馬龍的鬧市裡，見到年輕同事忽然蹲下身子抱頭痛哭。後來得知，他爲了完成一個重要案子，這兩個月來吃住都在公司，然而，就在他剛剛完成任務走出公司大樓，正高興地打電話給妻子時，才知道兒子因爲肺炎已經住院一個星期了。

我們大部分時間都在爲生活疲於奔命，也許爲了一個溫暖穩定的家，爲了過更好的生活而努力工作，於是你一個人負重前行。然而你沒有鋼筋鐵骨，你也有情緒，憤懣和怨懟，面對外來的誤解、排擠和詆毀時，你也需要尋找發洩的出口，來清空自己的負面情緒，以便更好地專心工作。

有一次我出差時，遇見一位獨自攝影的年輕人，他的作品很棒。剛開始還以爲他是一名專業攝影師，聊了一會兒才知他是一家無人機研發團隊的執行總裁。

他說公司的研發任務很吃重，工作非常繁忙，甚至就連他本人都要參與每個

環節的代碼編寫和設計。儘管如此，他每週都會挪出一天時間外出攝影。迄今為止，他已經保持這個習慣五年了，這是在繁忙工作之餘，難得挪出一點時間過自己想要過的生活。

《禮記》：「張而不弛，文武弗能也；弛而不張，文武弗為也；一張一弛，文武之道也。」簡而言之，人不能長期處於一種狀態，要掌握節奏，適當調節，張弛有度，才能在工作和生活之間達到最完美的狀態。

當然對於每一個人而言，時間都是有限的，你在這裡用得多了，那裡自然就少。很多人都透過努力工作獲得美好的生活，但是你要知道工作只是生活的一部分，而不是生活的全部。

當你拚命努力工作的時候，不妨偶爾停下腳步，過一下屬於自己的生活。人的時間有限，不要等功成名就了，才想到要去過一天屬於自己的生活。如果時間來不及，豈不是追悔莫及。

有個在上市公司當執行總裁的男子，他非常努力，三年就把公司帶到該行業的前五名。他一年三百六十五天，大部分時間不是在飛機上就是在會議室，別人眼中他是執行力很強的菁英，他也很滿足自己的成績。

有一天，回家老婆說想找他談談，他疲憊地斜躺在沙發上說：「有什麼事明天再說，今天太累了！」他老婆拿出幾頁文件，淡淡地說：「這是離婚協議書，你有時間簽了吧！」

他聽到「離婚」二字，馬上跳了起來：「爲什麼要離婚？難道我給妳的生活不好嗎？這些年我在外面努力打拚不就是想給妳想要的生活嗎？我每天奔波妳知道我有多累嗎？我……」不等他說完，老婆就說：「離婚你就可以不用這麼累了。你以爲那些是我想要的生活嗎？我生病一個人躺在床上，連個倒水的人都沒有，燈泡壞了我自己換，我心裡有事，想找你說說話都需要預約……」話沒有說完就抽泣了起來。

他聽到這些，心裡也覺得非常委屈，他何嘗不想多陪陪老婆，但是他需要努力奮鬥，等將來成功了，再和老婆一起享受生活。他把這些心裡話告訴老婆後，他老婆說：「如果這樣的話，還是離婚吧。」

後來老婆和他離婚了，他非常後悔。他把時間全部用在自己的事業上，一直忽略了家人的感受，如果在忙工作的同時，抽出時間多過一下家庭生活，那麼他的家庭也不至於走到這一步。

無論多忙，我們依然要挪出一點時間，過一下自己想要的生活，不要爲了所謂的事業，而忽略家人的感受。

當然，要想在當今競爭激烈的社會中有一席之地，必須努力工作，但即使再忙碌，也不需要時時刻刻都緊繃著，而是要試著慢下來，把自己從忙碌中抽離出來。哪怕只是安靜地看一本書，品一盞茶，放鬆一下疲憊的身心。給自己一個私密的空間，沒有手機，沒有工作、沒有應酬，也沒有雞毛蒜皮的瑣事，只做自己喜歡的事，享受片刻的安靜時光。

劉慈欣被譽爲中國當代科幻作家第一人，曾獲過雨果獎。然而除了是作家之外，他還是娘子關電廠的電腦工程師。提起自己的創作，這個看起來很靦腆的大男人說，自己當初寫作身邊的同事根本都不知道，他都是下班後利用空閒時間創作的。

身爲亞洲首位雨果獎的獲獎者，劉慈欣居然沒有去頒獎現場。即使成名了，他還是保持平常心，沒有像其他作者那樣，忙著到處演講，當導演拍電影。他依舊還是那個喜歡沉浸在自己世界裡的科幻愛好者，仍然堅持一邊工作一邊創作。

對於劉慈欣而言，科幻創作只是他調劑生活的一種方式，並不影響他日常的工作和生活。

有時候我們被理想和現實碾壓得痛苦不堪。爲了追求想要的生活拚命趕路，一刻不停地忙著談生意以及應對各種應酬。努力讓自己更加優秀，成爲未來社會的中堅，這都沒有錯，但還是需要慢下來，找時間享受一下生活。

常常你的努力其實是在燃燒自己，就算獲得了成功，卻沒有時間去享受這種成功所帶來的快樂，因此我們要大膽放棄，簡化生活，只有這樣你才有時間眞正的享受生活，具體該怎麼做呢？

首先，記錄自己的生活。總覺得時間不夠用的人，仔細記錄一週的每一天、每個小時你都在幹什麼，只要做這個紀錄，你就會發現這當中有很多浪費掉的時間。

其次，果斷放棄。果斷放棄是放棄一整類事而不是一兩件。整體地放棄一類事情，例如上網比價買打折商品或者看電視劇等，這樣，你就不需要在大量具體問題上糾結如何做判斷。

最後，找到方法，優化方案。生活中有一些事情必須得花時間做，但你可以找到方法，進行優化，然後不斷執行這個優化方案。例如對女性朋友而言，花一個小時化妝可能能達到九十分，但是花二十分鐘把粉底、眉毛、口紅化了，其實就有八十分了。那就接受這個八十分的我，每天只花二十分鐘就可以。那些不想砍掉、不能砍掉的事，就要想辦法優化方案，縮短時間。

人生就像一場馬拉松，你爆發了所有的能量，卻完全沒有想過會到達不了終點。所以，與其拚命追趕，不如有節奏、有規律地使勁，不慌不忙地往前走。在有限的時間裡，挪出一點閒置時間去享受生活，有節奏地創造自己想要的生活。

後記

時間之舟，只渡心智成熟的人到夢想的彼岸

對於時間和未來，我猜大部分人還停留在惜時的認知上。尤其是傳統意義上的論調，往往都是「少壯不努力，老大徒傷悲」「寸金難買寸光陰」「時間就像海綿的水，擠一擠總還是有的」這類的警語。道理淺顯易懂，我們大家都明白。然而正是因爲了解時間的寶貴，才會像一隻無頭蒼蠅那樣四處亂竄，變得更加倉皇和迷茫。

當然，我也曾有過這樣一段時期。那時我才剛進入象牙塔，不同於中學時期，對於大學生涯，有著許多不切實際的憧憬和幻想。

從緊張的中學生活，到大學裡更加自由和開放的學習環境，各種新鮮事物和知識一下子呈現在眼前，我忽然就不知道自己該幹什麼。之前所有的堅持，在邁入大學之後，忽然一下子消失了，這令我感到茫然。

對於未來，只是在腦海裡有一個模糊而籠統的勾勒，卻不知道具體是什麼，該如何去實現。需要學習哪些知識，掌握怎樣的技能，以及該如何做準備？

帶著這樣的問題，我曾經請教了很多學長和老師，他們也各有各的說辭。有的說要多看看書，有的說多參加社會活動，還有的人告訴我要廣交朋友，建立自己的人脈。

雖然他們給我的答案不盡相同，但都闡述了一個觀點：大學生活是很有意義的，不要虛度，也不要荒廢，要把有限的時間用在最有用的事上。

然而我那時根本不知道自己喜歡什麼，將來要做怎樣的人，從事怎樣的工作，更不知道自己要努力的道路是什麼？在哪裡？如何去實現？

雖然我深知要過好每一天，要珍惜時間，要努力拚搏，卻不知自己去做些什麼，只能在煩惱和糾結中蹉跎每一寸光陰。

所幸我通常對於眼前解決不了的問題，都會到書中尋找答案，直到後來進了職場，在經歷過很長一段時間工作、生活和思考後，我才眞正找到了屬於自己的方向。

對於時間管理，我認爲並不是教你如何去節約時間，而是學會有效地利用時間，更有效率地工作。然而，要想利用好時間，首先就得深刻的自我反省，真正地了解自己，知道自己喜歡什麼，擅長什麼，究竟要過怎樣的生活和實現什麼樣的人生目標。然後，透過一步步的有效努力，才能實現自己的夢想。

在寫這本書的時候，我感慨良多。從年少時的迷茫、徬徨、無所適從到如今的鎮定自若，我也經歷了很長時間，也走過不少彎路。我也曾不止一次想過，如果當年就明白這個道理，那麼我是不是會走得更快，走得更遠。

然而，時間不能回溯。

如今我結合當下人關心的部分，把多年摸爬滾打的經歷和心得體會整理成冊。希望那些還處在迷茫和無所適從的讀者們，可以從中有所啓發，早日找到自己的方向。

從最初的構思到如今成書，關於時間的理解，我一遍又一遍地審視自己，盡可能給出最好的解決方案，幫助那些需要幫助的人，早日走出困境。

眼前解決不了的問題，都可以交付未來，時間是個最偉大的作者，它必將寫出最完美的答案。我們每個人從出生到死亡，都有與生俱來的不可推卸的使命。

在此之前，都曾有過迷茫、彷徨和無措，所以，我們要做的就是不斷借助外

Eurasian Publishing Group
圓神出版事業機構
用心與你對話・視野無限寬廣
圓神出版社
Eurasian Press

www.booklife.com.tw reader@mail.eurasian.com.tw

勵志書系 142

所謂時間管理，就是選擇性放棄：

上萬人成功驗證，時間規畫師的八大精簡法則

作　　者／少毅
發 行 人／簡志忠
出 版 者／圓神出版社有限公司
地　　址／台北市南京東路四段50號6樓之1
電　　話／（02）2579-6600・2579-8800・2570-3939
傳　　真／（02）2579-0338・2577-3220・2570-3636
總 編 輯／陳秋月
主　　編／吳靜怡
責任編輯／林振宏
校　　對／林振宏・歐玟秀
美術編輯／潘大智
行銷企畫／詹怡慧
印務統籌／劉鳳剛・高榮祥
監　　印／高榮祥
排　　版／莊寶鈴
經 銷 商／叩應股份有限公司
郵撥帳號／18707239
法律顧問／圓神出版事業機構法律顧問　蕭雄淋律師
印　　刷／祥峰印刷廠
2020年5月　初版

本書臺灣繁體版由四川一覽文化傳播廣告有限公司代理，
經六人行（天津）文化傳媒有限公司授權出版。

定價 260 元　　ISBN 978-986-133-717-3

如果任由你的時間花費在無謂的事情上，
自然沒有時間投入到眞正重要的事情上。

——《所謂時間管理，就是選擇性放棄》

◆ **很喜歡這本書，很想要分享**

圓神書活網線上提供團購優惠，
或洽讀者服務部 02-2579-6600。

◆ **美好生活的提案家，期待為您服務**

圓神書活網 www.Booklife.com.tw
非會員歡迎體驗優惠，會員獨享累計福利！

國家圖書館出版品預行編目資料

所謂時間管理，就是選擇性放棄：上萬人成功驗證，時間規畫師的八大精簡法則 / 少毅著. -- 初版. -- 臺北市 : 圓神, 2020.05
240 面；14.8×20.8公分 --（勵志書系；142）

ISBN 978-986-133-717-3（平裝）
1. 時間管理 2.成功法
494.01 109003388